Hilfe,

es gibt nur noch Smartphones!

Smartphone-Grundkenntnisse für

EINSTEIGER/-INNEN

von Jelto-Tankred Basel

IMPRESSUM

Hilfe, es gibt nur noch Smartphones! Smartphone-Grundkenntnisse für Einsteiger/-innen

von Jelto-Tankred Basel

ISBN-10: 1530659779

ISBN-13: 978-1530659777 (CreateSpace by Amazon)

© 2016 Jelto-Tankred Basel.

Alle Rechte vorbehalten.

Autor: Jelto-Tankred Basel

Kontaktdaten:

Jelto.Tankred.Basel@gmail.com

Jelto.Tankred.Basel@outlook.com

Buchcover, Illustrationen: Jelto-Tankred Basel

Inhaltsverzeichnis

Vorwort

Herzliche Gratulation!

Sie sind nun stolze/r Besitzer/in eines edlen Pferdes und haben absolut keine Ahnung wie Sie damit der untergehenden Sonne entgegen reiten können.

Mal ganz ehrlich, nur so unter uns Beiden, also ganz im Vertrauen, wenn Ihnen die Verkäuferin oder der Verkäufer das kleine Ding in Ihrer Hand als Briefbeschwerer mit Zeitanzeige verkauft hätte, dann hätten Sie zumindest einen Augenblick ernsthaft darüber nachgedacht oder etwa nicht? Ehrlich? Nur keine Sorge, manchmal trifft uns *Profis* eine Frage ebenfalls derart unvermittelt, dass wir erst Augenblicke später begreifen worüber wir ohne Zögern versucht waren eine Lösung zu finden. Irren ist nun mal menschlich! Vergessen Sie nicht, dass sich der Zeitgeist unangenehm rasant ändert.

Nur wenige Menschen können mit den gegenwärtigen technischen Entwicklungen und den sozialen Umwälzungen tatsächlich noch Schritt halten – Sie sind also nicht alleine, gehören aber zu einer geringen Anzahl Bürger/-innen, die nicht schon vor Beginn einer Herausforderung aufgeben wollen!

Nicht nur mangelnde Motivation, sondern vor allem fehlende Zeit, ein Statussymbol gegenwärtigen Wohlstands, und ein nicht mehr enden wollender Strom an Herausforderungen für Mensch und Maschine führen zum grotesken Scheitern an den Maßstäben einer hochtechnisierten und konsumorientierten Gesellschaft.

Besonders sinkende Kaufkraft bzw. stagnierende Löhne, bei gleichzeitig wachsenden Anforderungen an die Arbeitnehmer/-innen bereiten den Nährboden einer bedrohlichen Saat. Nicht der Mensch und seine Würde stehen im Mittelpunkt unseres Zeitgeists, sondern die Gewinn- und Wachstumsoptimierung internationaler Konzerne. Auf Grundlage unzureichender Sicherheiten wird gegenwärtig mit hochriskanten Krediten das stetig benötigte Wachstum finanziert. Kurzlebige Konsumgüter werden vielfach auf Pump erstanden und verlieren nicht selten noch vor dem immer rascher eintretenden Produktlebensende jeglichen „inneren" Wert. Daher bleibt in einigen Fällen die Kreditschuld als einziges Vermächtnis „besserer Zeiten".

Besonders in der Elektrotechnik schreitet der Fortschritt derart schnell voran, dass für viele kaum ein Mithalten mehr möglich ist. Technik wird zum Zauberkasten. Jeder weiß wann er einen Pullover oder eine Jacke anzuziehen hat, aber nur den wenigsten ist das Warum bzw. das „Wie funktioniert´s" auch klar. (Wissen Sie warum/wie ein Pullover wärmt?)

Statt Erleichterungen kreiert der unaufhörliche Technikboom fortwährend, scheinbar, unüberwindbare Hindernisse und verschleiert selbstgefällig all diejenigen Opfer, die von Anbeginn der Rohstoffgewinnung bis hin zum fertigen Produkt erbracht wurden. Im Fall der Mikrochipherstellung verschwinden auf dem Weg zum Konsumenten wie von Zauberhand die gesichtslosen Opfer blutiger Sklaverei aus der Rohstoffgewinnung, während jene Opfer der unscheinbaren industriellen Erscheinungsform moderner Sklaverei, unter der Last eines anwachsenden Schuldenbergs, erst gar nicht in Erscheinung treten.

Nach den Vorgaben von Gesellschaft und Industrie verkommt der Mensch zum Werkzeug im anhaltenden Trend eines schmeichelhaften Selbstdarstellungsrauschs. Solange wir mit diesen Entwicklungen Schritt halten können, erscheint das von der Industrie bestärkte egozentrische Weltbild wohlgefällig. Nur der im Laufe der Zeit unweigerlich eintretende Anprall mit der Realität lässt das selbstverliebte Bild der Konsumgesellschaft rasch wie in einem Zerrspiegel erscheinen und schließlich in tausend Scherben zerbersten. In der Regel ist jedoch der rettende Zeitpunkt zur Einsicht schon lange vor dem Geistesblitz verstrichen. Was schlussendlich vom Technikwahn bleibt, ist die bittere Erkenntnis, dass ganze Gesellschaftsschichten verschwunden sind und der Wohlstand von der fleißigen arbeitsamen Bevölkerungsschicht zur weniger fleißigen umverteilt wurde. Allen Opfern ist der Preis unseres Egoismus gemein. Während die einen ihn mit ihrem Blut bezahlen müssen, begleichen die anderen ihn mit ihrer Blutschuld. In beiden Fällen ist der Preis jedoch schlicht viel zu hoch!

Daher soll der Leitsatz für diesen Ratgeber auch „irren ist menschlich" sein. Betrachten Sie meine Hinweise, Tipps und Tricks immer kritisch und aus Ihrem einzigartigen Blickwinkel, denn es ist strikt verboten den Hausverstand zu den anderen Arzneien in das Erste Hilfe Kasterl zu sperren und erst im Notfall in aller Eile wieder hervorzukramen. Das Pferd in Ihrer Hand ist in Wirklichkeit eine Art Surfbrett, mit dem man über Wellen reiten kann oder wie es neudeutsch so schön heißt, mit dem man „surfen" kann.

Nun gut, allen Ausflüchten zum Trotz - die Wohnung ist sauber, die Tochter oder der Sohn schon lange ausgezogen und der Müll wurde heute auch schon zweimal hinaus gebracht - wollen wir sogleich mit den Gründlagen starten. Es gibt zwar genug Gründe warum Sie weiterlesen sollten, allerdings wird es nichts daran ändern, dass wir nun zu den Grundlagen und nicht zu den Gründlagen schreiten. Das Hirn bleibt also hier beim Inhalt, klar?

Vor dem Einschalten

- Was ist eine SIM-Karte und warum ist sie kaputt (es fehlt ein Eck)?

- Wozu braucht es einen Akku?

- Was ist eine Speicherkarte und wie unterscheidet sie sich von einer SIM-Karte?

Lassen Sie uns mit dem Herzstück eines jeden Mobiltelefons, der **SIM**-*salabim*-**Karte** oder wie das komische Ding heißt, beginnen.

Was ist eine SIM-Karte und warum ist sie kaputt (es fehlt ein Eck)?

SIM steht für „subscriber identity module", was so viel wie „es kann zaubern" bedeutet. Die SIM-Karte ist jenes kleine Stückchen Plastik auf dem ein goldfarbenes Feld zu sehen ist und eine Ecke abgebrochen erscheint.

Stellen Sie sich folgende Situation vor:

Sie sind auf einer Veranstaltung und verlieren Ihre Begleitung, Hans und Margarethe, aus den Augen. Wir befinden uns im Jahr 1969 und Neil Armstrong hat soeben seinen geschichtsschwangeren männlichen Fuß auf den Mond gesetzt. Ein großer Schritt für die Menschheit, aber wo zum Henker sind Hans und Margarethe hin verschwunden? Sie können nun laut in die Runde nach Hans oder nach Margarethe rufen. Mit etwas Glück antwortet tatsächlich irgendein Hans oder irgendeine Margarethe. Sie suchen aber nicht irgendeinen Hans oder irgendeine Margarethe, sondern ausschließlich Ihre Begleitung. Hätten Sie doch vorher nur eine Kombination vereinbart mit der Sie sich im Gemenge identifizieren hätten können. Auf die Frage Hans, hätte dann Hans zum Beispiel mit „Hans von Margarethe" antworten müssen, sodass Sie sich auch ohne Blickkontakt immer sicher hätten sein können, dass Sie mit dem richtigen Hans kommunizieren.

In der Telekommunikation entspricht die vereinbarte Kombination zwischen Ihnen und Ihrem Netzbetreiber (Tarifanbieter) Ihrer Telefonnummer. Mit dieser geben Sie sich als Hans, der Hans von der Margarethe, zu erkennen. Damit jetzt niemand sich für Sie ausgeben kann, wurde diese Information auf der **SIM**-*salabim*-**Karte** gespeichert (abgelegt) und Ihnen die Obhut dafür übertragen. Mit jedem Einschalten Ihres Mobiltelefons ruft dieses ohne Ihr Zutun über den nächstgelegenen Handymast bei Ihrem Netzbetreiber an und meldet, „Hallo, ich bin der Hans von der Margarethe". Dadurch weiß Ihr Netzbetreiber wer Sie sind und wo Sie sich befinden (nämlich in der Nähe des Handymast XY, von dem der Anruf kam). Außerdem kann der Netzbetreiber nun nachsehen welche Tarifkonditionen mit Ihnen vereinbart wurden. Sie sehen also, dass in der SIM-Karte sehr wohl ein wenig Simsalabim steckt. Der Nutzen dieser Karte scheint nun offensichtlich, aber er ist noch immer nicht völlig aufgeklärt.

Tatsächlich haben die Entwickler der SIM-Karte noch einen Schritt weitergedacht. Wie wir gelernt haben ist es mit Hilfe der SIM-Karte möglich, ohne größeren Aufwand, Ihre Telefonnummer und Ihren vereinbarten Tarif von Ihrem alten Mobiltelefon auf ein neues Mobiltelefon zu übertragen. Was ist aber mit den Kontakten, die Sie in Ihrem Telefonbuch gespeichert haben? Sind diese verloren?

Natürlich nicht! Die Anzahl der Kontakte ist begrenzt, aber immerhin an die 200 Namen, inklusive Telefonnummern, können auf der SIM-Karte archiviert und somit ins neue Telefon übertragen werden. Dem nicht genug! Die Entwickler legten noch ein Sahnehäubchen oben drauf und ermöglichten sogar die Archivierung von Textnachrichten auf dem Zauberkärtchen, sodass persönlich geschriebene Kurznachrichten (SMS) beim Telefonwechsel ebenfalls erhalten bleiben. Einfach wunderbar! Wenigstens geht dieser eine Moment, „Schatz du hattest Recht und ich Unrecht" nicht so schnell verloren. Da kommt echte Freude auf oder etwa nicht?

Apropos Recht und Unrecht, mir ist aufgefallen, dass Ihrer SIM-Karte ein Eckchen fehlt. Dieses scheint abgebrochen zu sein, ist sie deshalb kaputt?

Nein, der Verkäufer hat Sie nicht aufs Kreuz gelegt und Ihnen ein defektes Stückchen Plastik verkauft. Das fehlende Eck hat einen simplen aber genialen Grund, den ich Ihnen gerne veranschaulichen will.

Kennen Sie das, Sie kommen von der Hochzeitsreise zurück und zu Hause fliegen Fetzen, Orientteppiche und mysteriöse

Untertassen durch Ihr Heim?! Was sich zunächst nach einer Missachtung der Mindestflughöhe in besiedeltem Gebiet anhört, hat sich in meiner Ehe als *„Kommunikationsproblem"* herausgestellt. Seit wir uns auf einen gemeinsamen Netzbetreiber geeinigt haben, gibt es in unserer Ehe keine *„Kommunikationsprobleme"* mehr. Wissen Sie, ich bin wie ein Schweizer Uhrwerk, zuverlässig und unermüdlich - von zwei Möglichkeiten wähle ich zuverlässig und unermüdlich immer die falsche aus! So kommt es auch, dass meine Frau mich zur Entsorgung des Mülls nicht mit den Worten „Schatz, bring den Müll raus" auffordert, sondern mir meine Ehepflichten mit den Worten „Schatz, bitte bring noch vor heute Abend den Müll aus der Küche raus" nahelegt. Sie verstehen? Keine Gelegenheit für Missverständnisse in mei…, in unserer Ehe…, absolut keine Gelegenheit…

So ist es auch mit Ihrer **SIM-*salabim*-Karte**. Das fehlende Eck ist dazu da, dass Sie nicht auf die dumme Idee kommen könnten das Kärtchen verkehrt herum in Ihr Telefon zu schieben. Daher gilt in der Elektronik die gleiche Grundregel wie in jeder guten Ehe, „Nie mit Gewalt". Sie könnten dadurch Ihr Smartphone genauso wie Ihre Ehe ruckzuck zerstören. Es ist ratsamer erstmal reinen Tisch zu machen und von vorne zu beginnen. Überlegen Sie in aller Ruhe was von Ihnen verlangt wird und warum Sie bis jetzt erfolglos waren. Wie könnte sich der Hersteller die Lösung des Problems ausgedacht haben und kann tatsächlich eine Beschädigung vorliegen oder sind es Sie selbst, der/die sich vielleicht auf dem Holzweg befinden könnte? Sehen Sie sich dennoch nicht darüber hinaus das Problem zu lösen, weil Sie kurz davor sind durch die Decke gehend beim Nachbarn vorbeizuschauen, dann rate ich Ihnen alles unverrichteter Dinge beiseite zu legen und erst wieder einen Versuch zu starten, wenn Ihr Puls auf das niedrige Niveau manch einer Klatschkolumne gefallen ist.

Bevor Sie verzweifeln, fragen Sie lieber Freunde, Verwandte oder in allerletzter Instanz auch Ihren Fachhändler um Rat. In der Regel, da bin ich mir sicher, wird geholfen, wenn Sie höflich darum bitten.

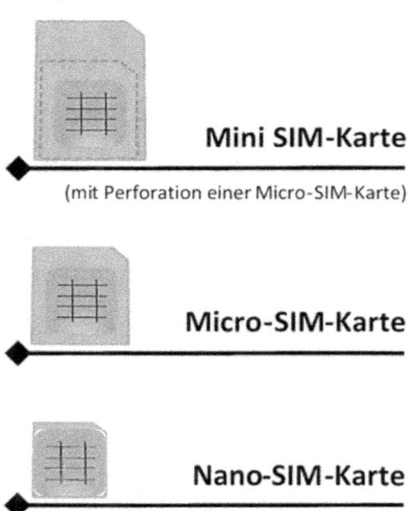

Mini SIM-Karte

(mit Perforation einer Micro-SIM-Karte)

Micro-SIM-Karte

Nano-SIM-Karte

SIM-Karten gibt es mittlerweile in drei verschiedenen Größen. Die bekannteste und bis vor kurzem gebräuchlichste Größe ist die Standard-SIM-Karte oder auch Mini-SIM-Karte genannt. Da nicht nur Zeit kostbar, sondern auch Platz sehr wertvoll sein kann, wurde die SIM-Karte vor einigen Jahren auf das Micro-SIM-Kartenformat verkleinert. Allerdings war selbst die Micro-SIM-Karte vor dem Verkleinerungswahn innerhalb der Branche nicht geschützt, sodass inzwischen die Nano-SIM-Karte immer häufiger zum Einsatz kommt. Welche SIM-Kartengröße die passende zu Ihrem Smartphone ist, können Sie im Internet nachlesen bzw. im Fachhandel erfahren. Besitzen Sie eine Mini-SIM-Karte, die über 4 bis 5 Jahre auf dem Kerbholz hat, dann würde ich

Ihnen zusammen mit dem Mobiltelefonwechsel einen SIM-Kartentausch empfehlen. Es gibt zwar die Möglichkeit mit „Kartenstanzern" in einem Ruck das überschüssige Plastik exakt abschnippeln zu lassen, jedoch ist bei älteren SIM-Karten der SIM-Kartentausch die technisch vernünftigere Lösung. Meine Schwester mahnt mich immer liebevoll mit der Volksweisheit „Jung und Alt gehören nicht zusammen" – was sie mir damit wohl sagen will?

Den Zutritt in Ihr Heim schützen Sie mit einem Haustürschloss. Auch Ihr Auto schützen Sie vor fremdem Zugriff mit einem Schlüsselschloss. Ihr Fahrrad können Sie ebenfalls mit einem Schlüsselschloss oder alternativ mit einem „altmodischen" Zahlenschloss schützen. Ohne Ihre Erlaubnis wird Unbefugten der Zugriff zu Ihrem Eigentum verwehrt. Dadurch behalten Sie die Kontrolle über die Dinge, die Sie im Laufe der Zeit angehäuft haben.

Aus dem gleichen Grund wird die SIM-Karte, die Sie gegenüber Ihrem Netzbetreiber als „Hans von der Margarethe" ausweist, mit einer Zahlenkombination, dem sogenannten PIN-Code (**P**ersönliche-**I**dentifikations-**N**ummer), geschützt. Im Auslieferungszustand wird dieser Code mit jedem Neustart Ihres Mobiltelefons abgefragt.

Die gestrige Feier war ein echter Kracher. Es verwundert also kaum, dass Sie Ihr Mobiltelefon am Veranstaltungsort vergessen haben. Tags darauf entdeckt der Putztrupp Ihr Mobiltelefon. Zu Ihrem Glück ist der Akku über Nacht leer geworden, sodass Ihr Mobiltelefon zuerst aufgeladen werden muss, bevor irgendjemand damit telefonieren kann. Dadurch wurde eine neue PIN-Code-Abfrage ausgelöst, die mit der Inbetriebnahme Ihres Mobiltelefons fällig werden wird. Ohne PIN-Code kann zwar das Mobiltelefon eingeschaltet und seine Funktionen (Kamera, Radio, usw.) verwendet werden, aber zumindest können Sie sicher sein, dass niemand in den Genuss kommen wird auf Ihre Kosten Tante Wilma in Thailand anzurufen. Die SIM-Karte bleibt inaktiv bis der vierstellige PIN-Code korrekt eingegeben wird.

Jeder geduldige Mensch könnte sich dies zu Nutze machen und versuchen die richtige Zahlenkombination durch eifriges Herumtüfteln zu erraten. Deshalb greift bereits nach 3 Fehlversuchen ein weiterer Schutzmechanismus. Die PIN-Code-Abfrage wird vor dem 4. Fehlversuch deaktiviert, wodurch keine korrekte Eingabe der vierstelligen Zahlenkombination erraten werden kann. Die Sicherheitsmaßnahmen verlangen nun statt der PIN-Eingabe den komplexeren achtstelligen PUK-Code (personal unblocking key oder auf Deutsch: persönlicher Freischaltungscode). Dieser Code ist deutlich länger und wird nach 8 bis 10 Fehlversuchen ebenfalls deaktiviert werden, sodass Ihnen nur noch der Gang zu Ihrem Telekommunikationspartner bleibt, um Ihr Mobiltelefon erfolgreich wieder in Betrieb nehmen zu können. Dort wird Ihr Kundenberater Ihnen gegen Vorlage eines Lichtbildausweises (Führerschein, Personalausweis oder Reisepass) eine neue SIM-Karte mit abgeänderter PIN- und PUK-Code-Kombination ausstellen. Dabei werden vom Betreiber die Konditionen Ihres Tarifs und Ihre

Telefonnummer auf die neue SIM-Karte „umgemeldet".
Einzig die Kontakte und die Kurznachrichten, die auf der
alten SIM-Karte gespeichert waren, würden dadurch
verloren gehen.

Wozu braucht es einen Akku?

Die Aufgabe des Akkus ist schnell und leicht erklärt. Der Akku ist eine Weiterentwicklung der Batterie. Eine Batterie hatte seit jeher den lästigen Nachteil, dass sie nur einmal verwendet werden konnte. War die Batterie leer, musste man diese entsorgen. Die ersten Akkus waren diesbezüglich eine echte Verbesserung. Durch sie entfiel der lästige Batteriewechsel, weil sie sich nun über die Steckdose aufladen ließen. Leider hatten auch diese einen unangenehmen Nachteil. Diese sogenannten **NiCd-Akkus** (**Nickel-C**admium; **Cadmium ist giftig** und darf nur über den **Sondermüll** entsorgt werden!) mussten vollständig entladen und vollständig aufgeladen werden. Wer sich nicht an diese „goldene" Regel im korrekten Umgang mit diesen Akkumulatoren hielt, der zerstörte allmählich den Wirkungsgrad seines Akkus durch den **„Memory-Effekt"**.

Dieser Effekt machte sich dadurch bemerkbar, dass sich der Akku nicht mehr vollständig aufladen ließ und Sie somit Ihr Mobiltelefon weniger lang betreiben konnten. Abhilfe schuf eine Weiterentwicklung des NiCd-Akkus, die Strom nun mit Hilfe von Lithium lieferte. Diese Lithium-Ionen-Akkus werden heutzutage in allen Smartphones, mit Ausnahme der illegalen Nachahmerprodukte, die wie ihre Originale hauptsächlich aus China importiert werden, verwendet.

Verweist der Hersteller in der Betriebsanleitung nicht auf eine besondere Pflege im Umgang mit Ihrem Smartphone-Akku, dann können Sie sich an nachfolgenden Richtlinien orientieren:

Sinkt die Akkukapazität auf 30%, können Sie Ihr Mobiltelefon an der Steckdose aufladen. Bei ca. 75% empfiehlt es sich den Ladevorgang zu beenden. Halten Sie sich an diese einfache Regel, dann erhöhen Sie die Lebensdauer Ihres Akkus. Allerdings sollte Ihnen klar sein, dass Sie sehr wahrscheinlich Ihr Mobiltelefon bereits vor einem spürbaren Leistungsabfall Ihres Akkus gewechselt haben werden. Es hat sich nun mal in der Industrie so eingebürgert, dass funktionierende Produkte nicht mehr bis an deren Produktlebensende verwendet werden, sondern nur solange der entsprechende Trend anhält zum Einsatz kommen. Hat Ihr Nachbar ein neues Mobiltelefon, das statt der ehemaligen Modefarbe weiß nun goldfarben ist, naja, Sie wissen schon … es lebe die Wegwerfgesellschaft! Mit Sang und Klang in den scheinbar heldenhaften Untergang.

Was ist eine Speicherkarte?

Beim Verlassen Ihres zu Hauses führen Sie einen Hausschlüssel, etwas Geld, manche auch den Führerschein, und natürlich Ihr Mobiltelefon mit sich. Dies sind für viele die allernötigsten Dinge, die sie ständig bei sich tragen. Bei uns Herren passt dies alles in die Hosen- oder Manteltasche. Bei den Damen sieht die Sache ein wenig anders aus. Die Damen sind besser vorbereitet und haben oftmals auch Taschentücher, Schminkspiegel und weiß Gott was dabei. Ganz ehrlich, ich will es im Detail auch gar nicht wissen!

Würde meine Frau mich bitten Ihre Sachen für sie zu schleppen und ich mich als Mann weigern eine Damenhandtasche an mir zu tragen, stünde ich rasch vor einem echten Problem. Alle meine Hosen haben lediglich 4 Hosentaschen, 2 vorne und 2 hinten, und im Sommer trage ich keinen Mantel. Mir würde also schnell der Speicherplatz für die Utensilien meiner Frau ausgehen. Eine Abhilfe könnte ich mir mit einem Rucksack oder zumindest mit einer Einkaufstasche schaffen.

Dies ist auch die Lösung bei Speicherplatzproblemen am Mobiltelefon bzw. am Smartphone. Ihr Smartphone besitzt eine begrenzte Kapazität an Speichermöglichkeiten. Wie wir gelernt haben, können bis zu 200 Kontakte inklusive

Telefonnummern auf der **SIM**-*salabim*-**Karte** gespeichert werden, was für die meisten vollkommen ausreichend ist. Für Unternehmer/-innen stellt dieses Limit allerdings ein echtes Ärgernis dar.

Müssen diese in Rage gebrachten Geschäftsmänner/-frauen von nun an damit leben, dass der zweihunderterste, sowie alle weiteren Kontakte nur noch auf dem Notizblock „gespeichert" werden können? Soll jedes Mal die Nummer von dort ins Telefon abgetippt werden, wenn diese benötigt wird? Nein, natürlich nicht!

Für diesen Fall hilft der Telefonspeicher, also unsere Einkaufstasche, der **SIM**-*salabim*-**Karte** aus. Hier können wir nun sehr, sehr viele Kontakte speichern. Wozu also noch zusätzlich einen Rucksack schleppen?

Auf dem Telefonspeicher können zwar sehr viele Kontakte und Kurznachrichten abgelegt bzw. archiviert werden, aber ein Foto oder ein Lied, das Sie mit sich führen wollen, belegt deutlich mehr Platz Ihres spärlich begrenzten Telefonspeichers. Der „Speicherplatz" neigt sich also rasch dem Ende zu. Vor allem bei älteren Smartphones und bei „normalen" Mobiltelefonen mit einem Tastaturfeld ist dies sehr häufig der Fall.

In unserem Beispiel wären wir nun gezwungen nicht mehr benötigte Dinge aus den Hosentaschen oder aus der

Einkaufstasche zu nehmen, damit die wichtigeren Utensilien wieder einen Platz finden könnten. Wie dumm nur, wenn alles wichtig ist!

Hier kommt nun die Speicherkarte ins Spiel. Früher hatten die Speicherkarten unterschiedliche Formen und verwendeten zur Archivierung die „hauseigenen" Methoden ihrer Hersteller. Auf der einen Seite war dies eine feine Sache, da nun der begrenzte Raum des Telefonspeichers problemlos vergrößert werden konnte. Allerdings, und hier kommt die Kehrseite ins Spiel, funktionierte die Speicherkarte meistens nur mit den Mobiltelefonmodellen desselben Herstellers.

Dies war erneut ein echtes Ärgernis, besonders, wenn Sie ohnehin mit Ihrem Mobiltelefonhersteller unzufrieden waren und sich eine neue Liebelei bei einem Konkurrenten wünschten.

Manchmal geschehen aber auch in der Industrie Wunder. In diesem Fall konnten sich die Hersteller trotz Wettbewerbsrivalität darauf einigen Ihre Informationen auf einer Speicherkarte, die herstellerübergreifend gleicher Bauart und somit genormt war, zu archivieren. Aus dieser „Einstimmigkeit" entstand die heutzutage geläufige Micro-SD-Karte für Mobiltelefone und andere Mobilgeräte. Der Name Micro-SD-Karte steht für „Micro-Secure-**D**igital-

Memory-Card", was nichts Geringeres bedeutet als „sichere digitale Speicherkarte", deren Abmessungen der „Micro"-Norm entsprechen. Wie ist dies zu verstehen?

Ist Ihnen schon einmal aufgefallen, dass Sie ein Achtel Kilo Salz in eine Kaffeetasse geben können, wohingegen der Platz in der gleichen Kaffeetasse für ein Achtel Kilo Reis nicht ausreicht? Die Kaffeetasse soll in unserem Beispiel der „Micro"-Norm entsprechen. Das heißt, dass sie immer die gleiche Form und die gleichen Abmessungen hat bzw. haben muss. Nun aber der Trick. Würden Sie das Achtel Kilo Reiskörner solange zerkleinern bis Sie ein Reispulver erhalten würden, dann wären Sie nun sehr wahrscheinlich in der Lage dieses ebenfalls in unsere erdachte Kaffeetasse mit Micro-Norm füllen zu können.

So ist es auch mit den Micro-SD-Speicherkarten. Die Kaffeetasse bleibt immer dieselbe, aber bildlich gesprochen variiert der Verkleinerungsgrad mit dem Ihre Informationen archiviert werden. Dahinter steckt das Geheimnis warum zwei Micro-SD-Karten, die sich äußerlich nicht unterscheiden dennoch unterschiedlich viel Platz zur Speicherung bieten können.

Können Sie mir erklären wie viel 1 Kilogramm oder 1 Tonne ist? Das fällt schwer oder etwa nicht? 1 Kilogramm Wasser beansprucht mehr Raum als 1 Kilogramm Salz, obwohl beide gleich schwer sind. Mit Kilogramm und Tonnen versuchen wir auf den ersten Blick nicht miteinander vergleichbare Materialien auf Grund Ihres Gewichts vergleichbar zu machen. So ähnlich ist es auch in der Elektronik. Während man greifbare Dinge nach ihrem Gewicht oder ihrer Größe charakterisieren kann, ist dies für nicht greifbare Dinge wie elektrisch abgelegte Informationen nicht zielführend. Daher gibt es in der Elektronik auch eigene Einheiten.

So wie Kilogramm und Tonnen ihren Eingang in unseren Alltag gefunden haben, so haben es die Einheiten Bit, Byte, kB, MB, GB und TB in der Elektronik getan. Ich will es bei diesen allerwichtigsten Einheiten belassen und Sie nur noch darauf hinweisen, dass ich aus didaktischen Gründen einige Details weggelassen habe.

Das Bit ist die kleinste Einheit, das Byte (sprich: Beit) die nächst Größere, gefolgt vom kB (sprich: kilo-Beit), dem MB (sprich: Mega-Beit), dem GB (sprich: Giga-Beit) und dem TB (sprich: Tera-Beit).

Es ist schwer derart abstrakte Messgrößen korrekt zu veranschaulichen. Wir wollen dennoch nicht schon zu Beginn das Handtuch werfen und einen kurzen Versuch wagen. Lassen Sie uns die Längenmaße, die Sie bereits kennen, zusammen mit den Einheiten der Speichergrößen darstellen. Die Größe des Speichers bezieht sich hierbei nicht auf die mit Händen greifbare Größe des Plastikgehäuses, sondern auf die Menge an Information, die archiviert werden kann.

Versuchen Sie sich die Wörter „**Megabyte**" **und** „**Gigabyte**" mit dem Verwendungszweck zu merken, da Sie diesen in Zukunft noch öfter Begegnen werden. Die nachfolgende Tabelle soll Ihnen **nur in etwa** ein Gefühl für die Größenordnung geben. Die gegenübergestellten Längenmaße entsprechen *NICHT* den Speichergrößen!

Längenmaße: (diese sollten Sie bereits kennen)	µm Mikrometer	mm Millimeter	cm Zentimeter	dm Dezimeter	m Meter	km Kilometer

Speichereinheiten:	das Bit	das Byte	Kilobyte(kB)	Megabyte(MB)	Gigabyte(GB)	Terabyte(TB)

Was ist wieviel?

Mit einem *Bit* kann die Information eines Zustandes gespeichert werden. Zum Beispiel kann ich mit einem Bit speichern, ob das Licht an- oder ausgeschaltet ist. Möchte ich sowohl „das Licht ist an" als auch „das Licht ist ausgeschaltet", also zwei verschiedene Zustände, speichern, benötige ich ein weiteres Bit. Insgesamt sind dann 2 Bits erforderlich.

Sie haben Pech und geraten in eine Rauferei. Als der Notarzt eintrifft sind Ihre Augen angeschwollen und tiefblau. Sie werden wohl oder übel 2 Veilchen, eines am **linken** und das andere am **rechten** Auge, als unangenehmen Erfahrungsschatz aus dieser Begegnung davontragen. In Ihrer Haut möchte ich wirklich nicht stecken, denn jeder wird sehen können, dass Sie **2 Mal** eine **bit**tere Erfahrung gemacht haben!

Ein *Byte* besteht bereits aus 8 Bits und archiviert (codiert) die Information eines einzelnen (Schrift-)Zeichens. Mit anderen Worten kann Strom 8mal hintereinander zu unterschiedlichen Zeitpunkten fließen oder eben nicht fließen. Das heißt innerhalb einer 8 Bit-Codierung, benötigt jeder Buchstabe, jede Zahl, jedes x-beliebige Symbol 1 Byte

Speicherplatz, damit es in der Archivierung von den anderen Bytes (Zeichen) unterschieden werden kann.

Dieser Satz besteht aus 33 Bytes. (Leerzeichen/Abstände sind auch Zeichen, die archiviert werden müssen – zählen Sie einfach nach.)

Das **Kilobyte** ist dann in etwa das 1000fache eines Bytes, genau wie der Kilometer 1000 Metern entspricht. Briefe, die als E-Mail (also jene elektronisch übermittelte Nachrichten, die der klassischen Form eines Briefes entsprechen) versendet werden, benötigen durchschnittlich an die 10 bis 500 kB Speicherplatz, je nachdem *wieviel* Sie zu erzählen haben.

Mit 3 bis 5 **Megabyte** können Sie ein Lied in CD-Qualität archivieren. Handyfotos benötigen ebenfalls zwischen 1 bis 5 Megabyte pro Foto, wenn sie mit Hilfe einer 5 Megapixel-Kamera aufgenommen wurden. 1 Megabyte entspricht 1024 Kilobyte. Ein 90minütiger Kinofilm in Heimkinoqualität (scharfes Bild und gute Tonqualität) benötigt durchschnittlich zwischen 2000 bis 7000 Megabyte Speicherplatz. Salopp spricht man auch von 2 bis 7 **Gigabyte**.

Vielleicht kennen Sie folgende Situation: Sie haben einen **Mega**hunger und räumen gnadenlos den Kühlschrank leer. Ebenfalls gnadenlos wird für Sie, nach diesem Nahrungsdurcheinander, der nächste Toilettengang werden – ich wette drauf, dass es **giga**ntisch unangenehm riechen wird! Bevor Sie spülen und aus der Toilette flüchten, fragen Sie sich noch, wie kann nur aus einem **Mega**hunger so ein **giga**ntisch großer Haufen werden?

Mit einem **Gigabyte** steht Ihnen das Äquivalent von 1024 Megabyte an Speicherplatz zur Verfügung und ein **Terabyte** ist wiederum in etwa das 1000fache eines Gigabyte. Mit einem Terabyte Speicherplatz sind Sie gut beraten, wenn Sie komplette Videosammlungen in sehr guter Bild- und Tonqualität archivieren möchten. Wenn ein Video durchschnittlich 3 Gigabyte Speicherplatz benötigen würde, dann könnten Sie mit 1 Terabyte Speicherplatz bereits über 330 solcher Videos archivieren (330 Videos multipliziert mit 3 GB Speicherplatzbedarf ergibt 990 GB – also nicht ganz 1 TB [~0.99 TB]).

Ich kann mich noch gut an meine Kindheit erinnern. Sonntags fuhren wir nach der Messe immer zu Onkel Johann und Tante Dörthe. Nicht nur ihre Namen waren etwas seltsam! Im Keller hatten Sie ein Zimmer mit einem raumfüllenden **Terra**rium eingerichtet. Einmal hab´ ich es gewagt Onkel Johann zu fragen warum er und Tante Dörthe nicht ein normalgroßes **Terra**rium wie alle anderen haben? Onkel Johann grinste breit übers Gesicht – auf diese Frage musste er wohl gewartet haben! Können Sie sich vorstellen was er mir antwortete?

„Mein Junge", führte Onkel Johann seine Antwort an, „für mich muss ein **Terra**rium so **groß wie die Erde** selbst sein. Nur dann wird es seinem Namen gerecht." Tante Dörthe grinste schelmisch und streichelte Onkel Johann über die Brust, „Ich wusste schon als junges Mädchen, dass ich Einestages mit dem König der Welt verheiratet sein werde."

Versuchen wir nun ein Gefühl für die angesprochenen Mengen zu bekommen. Welcher Menge 1 Liter Wasser entspricht und welche Größe dieser Liter Wasser hat, wissen Sie auch nicht exakt, daher sind wir auch nicht so genau bei den Informationsgrößen. Es ist vollkommen ausreichend, wenn wir in etwa die Dimensionen (die Ausmaße) verstanden haben.

Fangen wir also mit 200 Byte an. **Ein SMS**, dabei handelt es sich um einen Kurznachrichtentext, welcher via Telefonleitung transportiert wurde, besteht laut Telefonnetzvorgabe aus max. **140 Zeichen** pro SMS. Da jedes Zeichen, egal ob Buchstabe, Leerzeichen, Punkt, Zahl oder irgendein anderes Sonderzeichen innerhalb einer 8 Bit-Codierung für 1 Byte steht, hat ein SMS maximal **140 Byte**!

1	1 2 3 4 5 6 7 8 9 10 11 12 13 14 15 16 17 18 19 20 1 2 3 4 5 6 7 8 9 10 11 12 13 14 15 16 17 18 19 20 1 2 3 4 5 6 7 8 9 10
2	1 2 3 4 5 6 7 8 9 10 11 12 13 14 15 16 17 18 19 20 1 2 3 4 5 6 7 8 9 10 11 12 13 14 15 16 17 18 19 20 1 2 3 4 5 6 7 8 9 10
3	1 2 3 4 5 6 7 8 9 10 11 12 13 14 15 16 17 18 19 20 1 2 3 4 5 6 7 8 9 10 11 12 13 14 15 16 17 18 19 20 1 2 3 4 5 6 7 8 9 10
4	1 2 3 4 5 6 7 8 9 10 11 12 13 14 15 16 17 18 19 20 1 2 3 4 5 6 7 8 9 10 11 12 13 14 15 16 17 18 19 20 1 2 3 4 5 6 7 8 9 10

4mal 50 Byte wurden hier dargestellt. Dies entspricht 200 Byte bzw. gerundet 0,2 kB (gerundet deshalb, weil 1024 Byte das Gleiche wie 1 kB sind und 200 Byte daher 0,1953 kB entsprechen).

Ein Kilobyte entspricht demnach fünfmal 200 Byte/0,2 kB, wenn wir den Fehler, der durch das Runden entsteht, außer Acht lassen wollen. 7 vollgeschriebene SMS (7*140 Byte = 980 Byte/0,98 kB) entsprechen nicht ganz 1 kB.

Sie erinnern sich, **eine E-Mail** besteht durchschnittlich aus **10** bis **500 kB**? Das wären also 10 bis 500 Blöcke des hier dargestellten einzelnen Kilobytes!

1 Megabyte (1 MB) ist 1024 mal 1 kB. Wir wollen auch hier den lockeren Lenz walten lassen und behaupten salopp, dass 1 MB das Tausendfache eines Kilobyte ist. Nachfolgend

sehen Sie in der Horizontalen 4 kB, die fünfmal übereinanderstehen. Sie sehen also „nur" 20 kB/0,02 MB!

Nun wollen wir einen Schritt weitergehen und 5 solcher 20 kB Blöcke in der Waagrechten verwenden, also insgesamt 100 kB, und diese 10mal übereinander anschreiben!

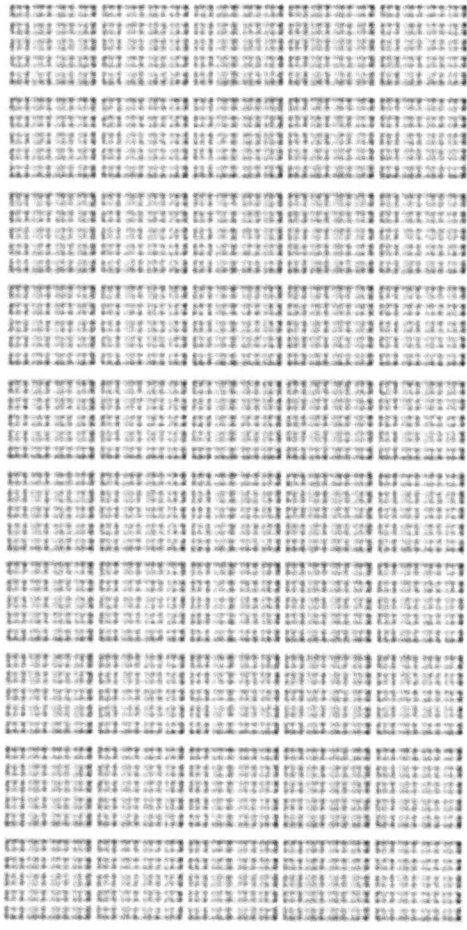

Hier sind also endlich **1.000 kB** bzw. salopp ausgesprochen **1 MB** dargestellt. Dabei wollen wir es auch belassen, da wir zur Darstellung eines Gigabytes wiederum (salopp) 1.000 solcher Blöcke benötigen und für das Terabyte ebenfalls (salopp) 1.000 Gigabyteblöcke benötigen würden – dies alles ist nur sehr schwer nachvollziehbar. Vielleicht ist es nun auch offensichtlicher warum ein Terabyte als ein **Tera**byte (wörtlich: ungeheuerlich groß; Te**rr**a - die Erde) bezeichnet wird – dabei handelt es sich um 1 Million (1.000*1.000) Blöcke des zuvor dargestellten 1 MB Blocks!

Lieder benötigen durchschnittlich **3 bis 5 MB** Speicherplatz. **Fotos** belegen, wenn sie mit einer 5 Megapixelkamera aufgenommen wurden, ebenfalls bis zu **5 MB** Speicherplatz, **Spielfilme** (ca. 90min.), in **durchschnittlicher Bildqualität 700 MB (0,7 GB)** und in gestochen **scharfer Bildqualität zwischen 2000 bis 7000 MB (2 bis 7 GB)**.

Ist Ihnen aufgefallen, dass die ursprüngliche Information, wir hatten mit 200 Byte angefangen, noch gut leserlich war, während das gegen Ende dargestellte einzelne Megabyte mit freiem Auge nur noch schematisch erkennbar war? Falls Sie bei dem dargestellten Megabyte noch Zahlen erkennen konnten, dann sollten Sie unbedingt einen Arzt konsultieren und viele Nachkommen zeugen!

Das Limit in der Informationsspeicherung ist also nicht nur die räumliche Größe des Informationsträgers, zum Beispiel die Größe unserer Kaffeetasse. Vor allem, wenn wir uns innerhalb von Normen bewegen wollen, weil die Kaffeetasse immer gleich groß bleiben soll, limitiert der Faktor des

„Verkleinerungsgrades" Ihrer Informationen die Grenzen des gegenwärtig technisch machbaren. Dabei zählt vor allem, dass die Informationen ohne Beschädigung „geschrumpft", man sagt auch komprimiert, werden können.

Sind Sie schon einmal mit einem Fahrrad durch einen Mückenschwarm geradelt?

Am Ende der Durchfahrt hatten Sie zu Ihrem Leidwesen eine große Anzahl komprimierter (zusammengedrückter) toter Mücken im Gesicht, nicht wahr? Falls Sie an jenem Tag das Pech sprichwörtlich verfolgte, dann stürzten Sie außerdem zu Boden und fanden sich unglücklicherweise mit böse aufgeschürften Beinen im Straßengraben wieder. Vermutlich wurde Ihnen bis zum Eintreffen des Notarztes ein Druckverband, eine sogenannte Kompresse, die den Blutverlust so gering als möglich halten soll, von einer/-m Ersthelfer/-in an Ihre stark blutende Wunde angedrückt.

Ihr Smartphone, Ihr Tablet und auch Ihr Computer sind darauf programmiert in regelmäßigen Abständen den Prozentsatz an frei verfügbarem Speicherplatz zu überprüfen. Falls eine dieser Überprüfungen wenig freien Speicherplatz zu Tage fördern wird, dann schlägt Ihr Gerät eine *„Komprimierung Ihrer Inhalte"* vor.

In Zukunft dürfte diese Meldung Ihren Puls also nicht mehr in schwindelerregende Höhen treiben, da Sie nun wissen, dass Ihr Elektrogerät beabsichtigt durch einen Mückenschwarm zu radeln. Bei der Durchfahrt werden folgerichtig Ihre Inhalte, das ist der allgemeine Ausdruck für Fotos, Lieder, Kontakte usw., komprimiert und dadurch Speicherplatz für neue Archivierungen zur Verfügung gestellt werden. So ein Elektrogerät ist ein treuer selbstloser Diener – finden Sie nicht auch?

Es werde Licht – Das Ein/- und Ausschalten

Ob Staubsauger oder Radio, TV oder Videorekorder - alle Elektrogeräte haben einen Ein- und Ausschalter. Wer sich noch an die „guten alten Zeiten" erinnern kann, der weiß, dass es nicht allzu lange her ist, als Ein/- und Ausschalter noch Schieberegler waren über denen leicht erkennbar die Wörtchen „On" und „Off" standen.

Diese Art die Geräte zu starten hatte aber zwei gravierende Nachteile, die so schrecklich waren, dass die weltweit besten Wissenschaftler sich sofort an die Lösung dieser Probleme machten, worauf die Suche nach der Antwort „warum Schwiegermütter immer böse sind" vorübergehend ad Acta gelegt wurde.

Der erste Nachteil der „alten" Methode liegt klar auf der Hand, denn so ein Schieberegler braucht Platz, der an einem

Mobiltelefon nur spärlich vorhanden ist. Zweitens kann so ein Schieberegler auch versehentlich von „On" auf „Off" oder von „Off" auf „On" verschoben werden und bei übermäßigem „Willen" sogar abbrechen.

Sie können also erkennen, dass der nächste Nobelpreis fällig wurde?

Die Ingenieure erfanden einfach das Rad neu und nannten es bescheiden „den Knopf". Die Smartphone-Hersteller nahmen diese Neuerung - der Knopf war selbstverständlich nicht neu, seine funktionelle Mehrfachbelegung in der Telekommunikationsbranche hingegen schon eher - dankbar an und ersetzten die nunmehr altmodisch gewordenen Interaktionsmethoden durch eine geringe Anzahl mechanisch bedienbarer Knöpfe mit mehrfacher Funktionsbelegung. Die Worte „On" und „Off" wurden durch ein schlichtes Symbol ersetzt, das Sie bereits von der Fernbedienung Ihres TV-Gerätes kennen dürften.

Häufig sieht das Symbol so aus:

Manchmal aber auch so:

Dieses Symbol setzt sich immer aus einer Geraden und einem Kreis zusammen. Der Strich steht hierbei für „On" und der Kreis, Sie haben es erraten, für „Off". Das kann man sich ganz leicht merken: wer sich geistig im Kreis dreht, dem ist meistens noch kein Licht aufgegangen.

Wieso kann derselbe Knopf mehrere Funktionen ausführen?

Das Wunderbare an der Elektronik ist, dass sich mechanische Bewegungen ökonomisieren lassen, wodurch Produktionskosten gesenkt und „teure" Zeit und Rohstoffe eingespart werden.

Sie haben bestimmt schon einmal von Morsezeichen gehört, nicht wahr? Ihr Smartphone verwendet das gleiche Prinzip zur Informationsübermittlung. Die variable Abfolge von „Strom an" und „Strom aus" codiert (verschlüsselt) die Botschaft innerhalb Ihrer elektrischen Geräte. Dieser Umstand ermöglicht es, dass derselbe Knopf mehr als nur eine Funktion ausführen kann. Allein die Tatsache wie lange Sie den Knopf gedrückt halten oder wie häufig Sie diesen innerhalb einer vorgegebenen Zeitspanne drücken entscheidet über seine Aktion.

Ich will Ihnen ein kleines Beispiel zum besseren Verständnis geben. Die tollste, schönste und „besteste" Nation dieser Welt wurde auf dem Rücken der amerikanischen Ureinwohner gegründet. Die indigene Bevölkerung Amerikas kennen wir unter anderem aus romantisch anmutenden Wildwestfilmklassikern aus den Sechzigern und Siebzigern mit all den schönen Klischees und Heldentaten. Auf der einen Seite kämpften harte, das Land erobernde Cowboys mit hochmodernen Revolvern und einer Haut, die zäh wie Leder war und auf der anderen, der vermeintlich bösen Seite kämpften „wilde einheimische Indianer", die ihren Federschmuck zur Schau stellten, mit einem Bogen oder einer Axt bewaffnet waren und mit rassigen Pferden ihr Bestes im Kampf um ihre Heimat gaben.

Damals gab es noch keine Mobiltelefone und Nachrichten wurden via „Kommuniqué" per Postkutsche oder via Telegraphen als Telegramm übermittelt. Laut Drehbuch kannten die amerikanischen Ureinwohner diesen Fortschritt nicht und bedienten sich daher der Rauchzeichen. Ein Wölkchen am Himmel bedeutete, „*hey du – hör mal zu*" und zwei Wölkchen informierten, dass „*die Geschichte etwas länger dauern*" konnte.

Drei Wölkchen am Firmament verkündeten „*das Abendessen ist bald fertig*" und eine Rauchsäule signalisierte, dass „der Indianer Feuer gefangen hatte". Sie sehen also, dass die Botschaft mitunter nicht nur durch die Art des Signals, in unserem Beispiel das Wölkchen, übermittelt werden kann, sondern auch auf Grund ihrer Abfolge bzw. ihrer Wiederholrate, innerhalb einer vorgegeben Zeitspanne, eine Nachricht verständlich übermitteln kann. Genau so funktioniert jedes elektrische Gerät. Die Art und Weise des Signals bleibt dabei immer die gleiche. Entweder es fließt Strom oder eben nicht. Nur die Abfolge im Stromfluss entscheidet welche Funktion ausgeführt werden wird.

(Innerhalb einer 8 Bit-Codierung werden daher mit 8 Bit einzelne Zeichen definiert. Dadurch hat jedes Zeichen 8 variable und individuelle Abfolgen von Strom an und Strom aus. Zum Beispiel kann ich mit Ihnen vereinbaren, dass 8

Ohrfeigen in Folge eine Ohrfeige und ein Donnerwetter retournieren werden, während 8 fehlende Ohrfeigen ein Küsschen auslösen werden. Können Sie sich ausmalen wie viele verschiedene Kombinationen auf diese Art und Weise maximal codiert werden? Wollen Sie es überhaupt wissen? Na gut, es sind 256 verschiedene Möglichkeiten, weil 2 Zustände [Strom an und Strom aus] 8mal in unterschiedlicher Reihenfolge auftreten können. Die Rechnung lautet demnach folgendermaßen: 2*2*2*2*2*2*2=256.)

Zurück zum Smartphone: suchen Sie bitte dieses Symbol, welches an einem Knopf an Ihrem Smartphone eingraviert sein dürfte *(kann auch u.U. fehlen!)*.

Gefunden? Prima!

(Falls nicht können Sie diesen Abschnitt überspringen und bei, „Es hat nicht geklappt?" weiterlesen. Kehren Sie im Anschluss hierher zurück.)

Wir wissen leider nicht, ob ein Antippen zum Einschalten genügen wird oder ob der Hersteller von uns erwartet den Knopf für ein paar Sekunden gedrückt zu halten.

Wir holen also den Hausverstand aus dem „Erste Hilfe Kasterl" hervor, wo er eigentlich nichts zu suchen hätte und gehen die Sache logisch an. Lassen Sie uns deshalb zunächst folgenden Versuch starten und besagten Knopf nur kurz antippen. Im Anschluss daran wollen wir beobachten was am Smartphone-Bildschirm geschieht. Nichts?

Ok, dann lassen Sie uns jetzt die zweite Variante, die hoffentlich mehr Erfolg mit sich bringen wird, testen. Wir halten den Knopf gedrückt bis das Gerät (meistens) vibriert und/oder der Bildschirm aufleuchtet. In der Regel ist dies spätestens nach ca. 3 Sekunden der Fall.

Hat es geklappt?

Holen Sie nun zwei Gläser aus Ihrer Küche und den Champagner aus dem Keller. Es gibt einen Grund zum Feiern.

Es hat nicht geklappt?

Dann lassen Sie uns überlegen, woran es gescheitert ist.

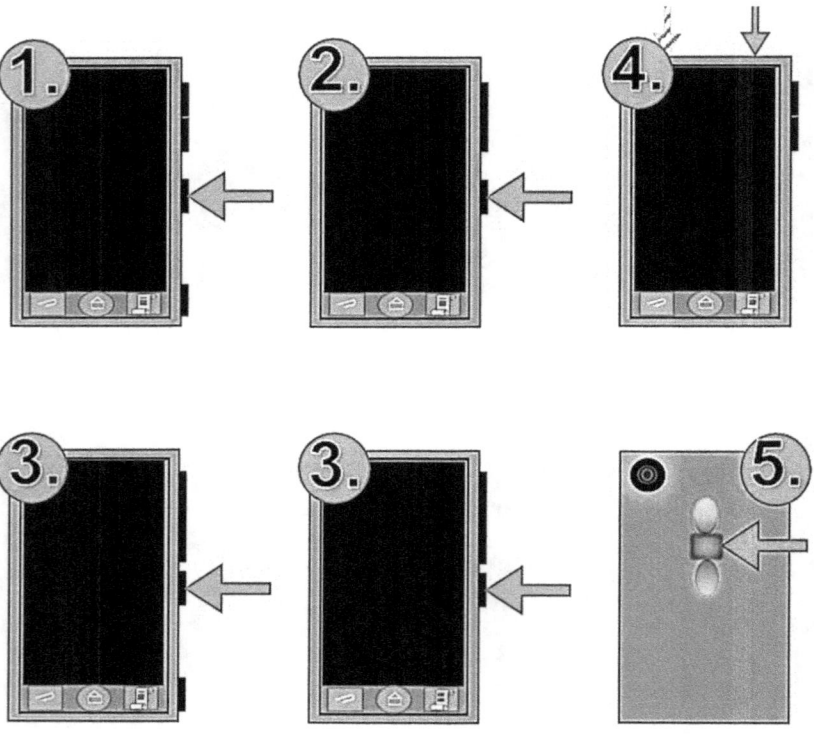

Sie haben das Symbol nicht gefunden:

(1)   Stattdessen konnten Sie vier Knöpfe, meist ohne Beschriftung, entdecken. Testen Sie den etwas abgesetzten Knopf aus der Dreiergruppe.

(2)   Zwei Knöpfe liegen eng beieinander und der Dritte ist etwas abgesetzt. Auch hier sollten Sie mit dem abgesetzten Knopf zum Ziel gelangen.

(3)   [+3] Zwei Knöpfe liegen eng beieinander, der Dritte befindet sich am anderen Ende: Versuchen Sie Ihr Glück mit dem abgesetzten Knopf aus der Zweiergruppe.

(4)   Ihr Gerät hat scheinbar nur zwei Knöpfe oder auch nur einen großen Knopf. Suchen Sie oben am Rand.

(5)   Auf der Rückseite befindet sich ein Bereich, an dem Knöpfe sind, sonst gibt es keine Knöpfe. Auch hier führt normalerweise der mittlere Knopf zum Erfolgserlebnis.

(6)   Ihr Gerät besitzt keine Knöpfe: Sind Sie sicher, dass Sie sich nicht doch ein Pferd gekauft haben? Sagen Sie hü hott, um es *„einzuschalten"* und brr, um es *„auszuschalten"*, schließen Sie es zum Aufladen um Himmels Willen nicht an der Steckdose an, sondern kaufen Sie Haferflocken und Karotten… diese müssen zur raschen Regeneration VORNE in das Gerät gesteckt werden!

Das Ausschalten Ihres Smartphones lässt sich ebenso kurz und knapp erklären wie das Einschalten: Es handelt sich hierbei nämlich um den umgekehrten Prozess. Das heißt, dass Sie den Einschaltknopf (gleich lang) wie beim Einschalten gedrückt halten müssen. In der Regel ist zum Ausschalten, nachdem Sie den Knopf gedrückt haben, zusätzlich eine Bestätigung über den Bildschirm nötig. Dadurch verhindert das Smartphone, dass es beim Transport in der Hand- oder Hosentasche versehentlich ausgeschaltet wird.

Aus demselben Grund hatten Sie bei Ihrem alten Mobiltelefon eine Tastensperre. Diese wurde meistens durch eine Tippreihenfolge zweier verschiedener Tasten in bzw. außer Kraft gesetzt. Auf diese Weise konnten die Hersteller unbeabsichtigte Tasteneingaben während des Bereitschaftsdienstes erfolgreich unterbinden.

Auch in diesem Punkt hat beim Smartphone Gevatter Sparstift Einzug gehalten. Aus der Tastenkombination der beiden unterschiedlichen Tasten wurde ein kurzes Antippen des Ein- und Ausschaltknopfes, sofern das Smartphone in Bereitschaft, also bereits eingeschaltet, ist. Dadurch lässt es sich kinderleicht sperren und entsperren, wobei beim Entsperren eine zusätzliche Bestätigung über den Bildschirm gefordert wird.

Der erste Start Ihres Smartphones

Was Sie im Umgang mit Ihrem Smartphone wissen müssen

Ihr altes Mobiltelefon konnten Sie nur über Tasten steuern, außer Sie verwendeten bereits ein „Touch and Type"-Mobiltelefon (sprich tatsch end teip – zu Deutsch: berühren und tippen) mit der Kombination aus Berührungsbildschirm und Tastatur.

Mit der weitläufigen Vermarktung der ersten Mobiltelefone kamen nun jene zahlreichen technikunerfahrenen Generationen mit dieser neuen Technologie in Kontakt, für die die damalige Art der Menüführung (mittels Tastatur) anfangs nur sehr schwer zu erlernen war. Vor allem Erwachsene, die nicht mit Computern und Mobiltelefonen aufgewachsen waren, konnten die abstrakte Funktionsweise nur mühselig nachvollziehen. Dennoch haben Sie es gelernt! Auch diesmal, da bin ich mir sicher, werden Sie die Herausforderungen meistern und erfolgreich die „Geheimnisse" der Smartphones entdecken. Seien Sie lieb und „streicheln" Sie Ihr Mobiltelefon regelmäßig. Es spielt dabei absolut keine Rolle wie fest Sie Ihren Finger über den

Smartphone-Bildschirm führen, da Ihr Smartphone, im Gegensatz zu den „Touch and Type"–Mobiltelefonen, zwischen leicht und fest nicht unterscheiden kann.

Falls Sie irgendwann das Gefühl haben sollten, dass Ihr Smartphone nicht auf Ihre Berührung reagiert, dann könnte es zwei häufige Gründe dafür geben:

Der Bildschirm registriert die Berührung Ihrer Haut, wodurch diese zum Zeitpunkt des Kontakts mit dem „Glas" eine Veränderung im elektrischen Feld Ihres Berührungsbildschirms bewirken kann. Das elektrische Feld können Sie sich wie den Wasserstrahl Ihrer Dusche vorstellen. Sobald Sie sich unter die Dusche stellen, verändern Sie den Strömungsverlauf des Wassers. Beim Abfluss fließt zwar immer noch dieselbe Menge Wasser ab, aber der Weg von der Brause bis zum Abfluss ist nun ein anderer. Würden wir die Zeit stoppen, die ein einzelner Tropfen auf seinem Weg vom Brausekopf bis zum Abfluss benötigt, dann könnten wir feststellen, dass minimal mehr Zeit verstreichen würde, wenn Sie mit Ihrem Körper die Route des Tropfens verlängern. Obwohl der Unterschied kaum ins Auge springt, wäre die Differenz ausreichend, um Anhand dieser Information, nämlich des Zeitunterschieds, eine Aussage darüber zu treffen, ob Sie sich unter der Dusche befinden oder eben nicht.

Gelinge es die Messungen des senkrechten Falls eines Wassertropfens um Messungen mit einer seitlichen Brause zu erweitern, dann würden die Messergebnisse sogar eine Interpretation über die Lage einzelner Körperteile ermöglichen. Für die waagerechte Flugbahn eines Wassertropfens ist Ihr Körper wenig überraschend ebenfalls ein Hindernis. Im Gegensatz zum fallenden Tropfen kann der seitwärts bewegte Tropfen das Hindernis aber nicht mit einem längeren Weg umfließen! Stattdessen prallt der Wassertropfen am Körper ab und fällt auf den Duschkabinenboden. War beim fallenden Wassertropfen die Zeitdifferenz der Hinweis auf ein Hindernis, so ist in der waagrechten Flugbahn die Flugdistanz des Tropfens der entsprechende Hinweis.

Mit einem ähnlichen Messprinzip ermittelt Ihr Smartphone jene Stelle des Bildschirms, die Sie mit Ihrem Finger berühren bzw. antippen. Voraussetzung dafür ist, dass Ihre Haut genügend Veränderung bewirkt. Bei zu „trockener" Haut kann der Berührungsbildschirm (auf Englisch: Touchscreen – sprich tatsch-skrihn) Ihren Finger nicht erkennen. Insbesondere erfahrene Semester leiden gerne unter „trockener" (fettarmer) Haut. Aber auch die gegenteilige Situation, zu stark eingefettete Haut, kann unter Umständen zu Schwierigkeiten führen, da „Fettrückstände", zum Beispiel von Hautcremes, auf dem Bildschirm zurückbleiben können. Ihr Smartphone nimmt dann irrtümlicherweise an, dass sich Ihr Finger immer noch auf dem Glas des Bildschirms befindet. Das gleiche Problem verursachen einzelne Regentropfen auf dem Berührungsbildschirm. Auch diese können Ihr Smartphone irritieren und zu einer Fehlinterpretation führen.

Der zweite Grund für Probleme in der Verwendung Ihres Smartphone-Bildschirms tritt eher bei Smartphones auf, die schon länger, normalerweise an die 2 bis 3 Jahre, in Verwendung sind. Der Lösung dieses Problems wollen wir an anderer Stelle auf den Grund gehen. Unter Umständen wird ein Zurücksetzen auf Werkseinstellungen von Nöten sein, sodass wir im Kapitel „Fehlerquellen und Trauerfluss" hierzu Näheres besprechen wollen.

Den Berührungsbildschirm mit einem Finger antippen ist aber nicht der Weisheit letzter Schluss. Sie können auch mit einem Finger über den Bildschirm „putzen", um das Bild auf und ab oder nach links bzw. rechts zu bewegen, genauso als würden Sie ein einzelnes Blatt Papier mit nur einem Finger über den Küchentisch hin- und herschieben. Sie können sich gedanklich über dem Blatt Papier eine Art Bilderrahmen vorstellen, um besser verstehen zu können warum Sie am Smartphone-Bildschirm nur die Dinge sehen, die sich innerhalb des Bilderrahmens befinden.

Oft sind hinter einer Wischbewegung weitere Menüpunkte versteckt, die nach Auffassung des Herstellers nicht so häufig gebraucht werden. So bleibt der Blick fürs Wesentliche frei. Das bedeutet für Sie, dass Sie dieses Menü erst durch „Putzen" bzw. Wischen mit einem Finger (auf Englisch sagt man auch, mit einem „Swipe" – sprich: „sweip") erreichen können. Ob Sie dabei von links nach rechts oder von rechts nach links oder von oben nach unten bzw. von unten nach oben mit Ihrem Finger putzen müssen, müssen Sie spielerisch im Selbstversuch herausfinden. Je nach Menü kann sich die Richtung der Wischbewegung ändern. In der Regel bleibt aber die Richtung des Swipe an gleicher Stelle des Menüs auch immer in die gleiche Richtung.

Putzen Sie nach Möglichkeit von einer „freien" Fläche aus beginnend, außer Sie wollen einen bestimmten Inhalt am Bildschirm verschieben. Eine „freie" Fläche bedeutet, dass an der Stelle, an der Ihr Finger den Bildschirm zu Beginn berührt, kein Text bzw. Symbol zu sehen ist.

Nun gut, wir haben also gelernt, dass wir mit einem Fingertippen, nach dem Motto *„das will ich, da zeig ich drauf"*, Funktionen auswählen können. Noch dazu sind wir Hygienespezialisten geworden, da wir gelernt haben mit einem Finger über den Bildschirm zu putzen.

Als letztes gibt es noch eine dritte Möglichkeit, die sich nur gering von den ersten beiden Varianten unterscheidet. Anstelle den Bildschirm mit dem Finger anzutippen, lassen Sie ihn diesmal an derselben Stelle regungslos liegen, beispielsweise auf einem Wort oder einem Bild. Nach ein paar Sekunden erscheint in manchen Fällen ein Menü, welches Ihnen zusätzliche Optionen für Ihre Auswahl anbieten wird. Sobald das Menü praktisch wie aus dem Nichts auf Ihrem Bildschirm erscheint, können Sie Ihren Finger vom Touchscreen nehmen.

Bleibt im Anschluss das Menü erhalten, bedeutet dies, dass Sie durch **Antippen** eine Auswahl in diesem Menü treffen oder manchmal sich sogar durch **wischen** innerhalb des Menüs orientieren können.

Verschwindet das Menü, sobald Sie Ihren Finger vom Bildschirm nehmen, dann bedeutet dies, dass das Menü so konzipiert wurde, dass Sie nicht nur Ihren Finger auf dem Touchscreen liegen lassen müssen, sondern **nur noch durch wischen** eine Auswahl treffen können. Haben Sie eine gewünschte Auswahl gefunden, dann können Sie an dieser Stelle Ihren Finger vom Bildschirm nehmen.

Das hört sich alles sehr kompliziert an, ist aber eine Kleinigkeit, wenn Sie sich daran gewöhnt und die Mechanik verinnerlicht haben.

Wir wollen die wichtigen Punkte kurz wiederholen

Wir können mit einem Finger auf unseren Wunsch tippen:

Wir können mit einem Finger, von einer textfreien Stelle beginnend, über den Bildschirm putzen/wischen. Versuchen Sie neue Menüs durch wischen in unterschiedliche Richtungen zu entdecken:

Wir können mit einem Finger auf einem Text oder einem Bild verweilen bis unter Umständen, meistens nach 1 bis 3 Sekunden, ein (verstecktes) Menü erscheint:

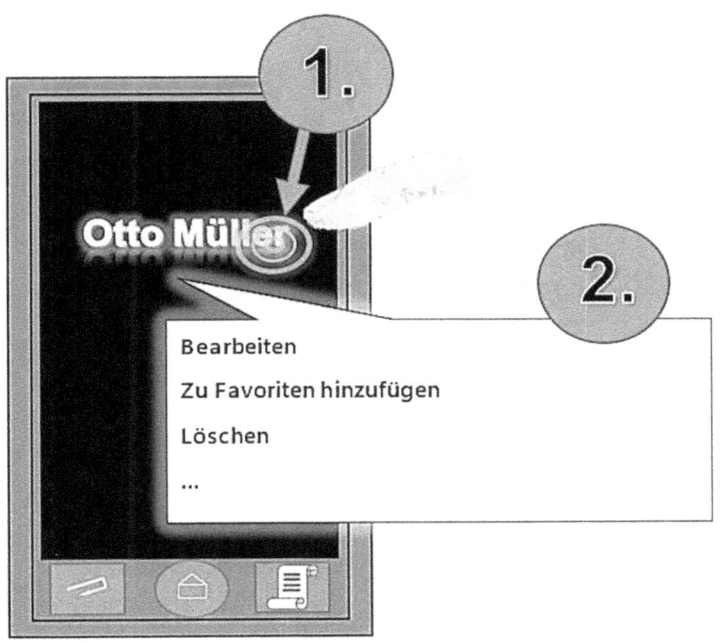

Wann wenden wir welche Methode an? In dieser Fragestellung wollen wir uns von Kindern und Jugendlichen inspirieren lassen - wir probieren es einfach aus!

Aus Erfolg und Irrtum lernen wir am schnellsten welche Methode die nützlichste oder hinderlichste auf dem Weg zum Ziel ist.

Für den Fall, dass Sie gewisse Interaktionskonzepte leicht vergessen, können Sie diese innerhalb einiger Tage des Öfteren wiederholen. Dadurch prägen sich die Problemlösungen ins Langzeitgedächtnis ein. Sie werden rasch feststellen können, dass die Abläufe mit jeder Wiederholung leichter von der Hand gehen werden.

Alternativ können Sie sich Notizen der schlimmsten Pulstreiber machen. Zum Beispiel können Sie eine Kurznotiz der schwierigen Problemlösungen wie *„Speichern eines Kontakts"* anfertigen. Schreiben Sie nur den Punkt auf, den Sie sich nicht merken können.

In unserem Beispiel könnte die Gedächtnisstütze folgendermaßen lauten:

- Nummer beim Wahlfeld eintippen;

- nicht auf *„anrufen"* tippen, sondern unten das komische viereckige Symbol, das für *„speichern"* steht, auswählen;

- im Anschluss den Namen bearbeiten und zur Bestätigung erneut auf das viereckige Symbol tippen.

Derartige Notizen können Ihnen in den ersten Wochen das Leben erheblich erleichtern. Dennoch würde ich nicht sofort damit beginnen. Versuchen Sie zunächst ohne Notizblock auszukommen. Haben Sie nach einer gefühlten Woche weiterhin Schwierigkeiten im Umgang mit Ihrem Smartphone, ist der Zeitpunkt gekommen sich eine solche Gedächtnisbrücke zu bauen.

Der Startvorgang

Das Erste was Ihnen auffallen wird, ist, dass sich die Dauer zwischen Einschalten und Bereitstellung der Funktionen gegenüber Ihrem alten Mobiltelefon deutlich verlängert hat. Sollte ein neues Produkt dieselbe Aufgabe nicht schneller und besser erledigen als sein Vorgängermodell?

Die simple Antwort lautet ja, aber ist die Aufgabe wirklich dieselbe geblieben? Während Ihr altes Mobiltelefon sich, wie im Kapitel *„Vor dem Einschalten"* beschrieben, „nur" zum Rapport am Handymast melden musste, ist der Startvorgang bei Ihrem Smartphone etwas anders. Die Meldung an den Handymast, dass Sie nun erreichbar sind, ist weiterhin notwendig, allerdings kommt hier das Wörtchen „smart" ins Spiel.

Allen ist sofort klar, dass ich Sie für intelligent halte, wenn ich Sie als „smarten Typ" beschreibe. Das Smartphone selbst ist hingegen keinesfalls intelligent, obwohl das Wörtchen „smart" im Namen steckt. Ein Smartphone ist und bleibt eine Maschine.

Es ist nicht falsch, wenn wir behaupten, dass zum Bau eines Smartphones viel Intelligenz nötig ist, aber diese Tatsache stellt das Produkt nicht automatisch auf die gleiche Stufe mit seinen Schöpfern. Kluge Eltern können nun mal dumme Kinder und dumme Eltern können eben auch kluge Kinder haben, obwohl in den meisten Fällen der Apfel trotzdem nicht weit vom Stamm zu fallen scheint.

Smartphones sind jedoch vielmehr Maschinen, die ohne einen Kurs bestimmenden Kapitän dazu verdammt sind im Hafen vor sich hinzudümpeln. Alles was Ihr Smartphone kann, wurde von uns Menschen „angelernt". Diese Verhaltensregeln nennt man in der Fachsprache „Programme". Mit deren Hilfe werden Abläufe automatisiert.

Ein kleines Beispiel dazu:

Ich wünsche mir von Ihnen, dass Sie mir einen Käsekuchen backen. Um Ihnen meinen Wunsch verständlich mitzuteilen, kann ich aus zwei sinnvollen Formulierungen eine passende auswählen. Die erste Lösung ist einfach und trotzdem mühsam, denn ich werde Ihnen alle Zutaten und alle nötigen Arbeitsschritte in ihrer entsprechenden Reihenfolge aufzählen und Ihnen dadurch präzise meinen Wunsch erklären. Sie merken schon, das hört sich umständlich an!

Alternativ kann ich mit Ihnen verabreden, dass Sie immer nach dem Rezept verfahren, das ich Ihnen mitgegeben habe, sobald ich Sie zum Käsekuchenbacken auffordere. Ein

„Programm" ist also nichts weiter als eine Art „Backrezept" für Elektrogeräte.

Es gibt mittlerweile für fast jeden Wunsch ein entsprechendes Programm und die Experten gingen sogar einen gewaltigen Schritt weiter, indem sie nach dem Baukastenprinzip Programme entwickelt haben, die ihrerseits aus mehreren einzelnen Programmen bestehen. Diese fein abgestimmten Programme, im allgemeinen Sprachgebrauch als Betriebssystem bezeichnet, sind es nun, die im Vergleich zu Ihrem alten Mobiltelefon den Start Ihres Smartphones ordentlich einbremsen. Ihr Smartphone rattert im gleichen Zeitraum weitaus mehr Programme ab als Ihr altes Mobiltelefon dies jemals tun hätte können. **Manchmal sind die Dinge eben nicht so wie sie auf den ersten Blick scheinen!**

Welche Programme und in welcher Reihenfolge diese gestartet werden, hängt vom verwendeten Betriebssystem ab. Es gibt gegenwärtig drei weit verbreitete Smartphone-Betriebssysteme, die bei mehreren Herstellern zum Einsatz kommen. Das **Betriebssystem** mit der weitläufigsten Verbreitung heißt **„Android"** und stammt von der Firma „Google". Android wird zum Beispiel von den Smartphone-Herstellern Samsung, Sony, LG, HTC, Motorola, Huawei, usw. in deren Smartphones eingesetzt. In Bezug auf die

Verbreitung folgt weit abgeschlagen das Betriebssystem „iOS" (sprich ei o s) des Herstellers „Apple". Alle Mobiltelefonmodelle mit der Bezeichnung „iPhone" sind mit diesem Betriebssystem ausgestattet. Im Gegensatz zu den bisher genannten Smartphone-Herstellern wie Samsung, Sony, usw. ist bei Apple der Lieferant des Betriebssystems gleichzeitig auch der Hersteller des Smartphones. Bei Apple steckt das technische Knowhow eines einzelnen Konzerns im Produkt!

Vor einigen Jahren entwickelte Samsung, genau wie der ehemalige Traditionshersteller Nokia, ein eigenes Betriebssystem für seine Smartphones. Beide Unternehmen mussten sich jedoch dem Druck des erfolgreichen Android-Betriebssystems beugen. Im Fall von Samsung kennen wir bereits das Ergebnis – Samsung ging eine Partnerschaft mit Google ein. Nokia hingegen setzte alles auf „eine Karte" und ging statt einer Partnerschaft mit dem aufstrebenden Unternehmen Google, eine Partnerschaft mit dem über Jahrzehnte hinweg sehr erfolgreichen Unternehmen Microsoft ein. Auf den Nokia-Smartphones kommt daher das dritte weit verbreitete Betriebssystem, **„Windows (Phone)"** (sprich windoß), zum Einsatz. Auf weltweit ca. 90 Prozent aller Computer, inkl. Laptops bzw. Notebooks werden deren Funktionen durch das Betriebssystem „Windows" verwaltet. Trotzdem konnten die beiden Partner, Microsoft und Nokia, auf dem Smartphone-Sektor bisher nicht an diesen Erfolg von „Windows" innerhalb der Computerbranche anknüpfen. Windows (Phone) kommt daher nur bei wenigen Herstellern, wie eben bei Nokia, aber auch Huawei, HTC, Samsung, …, auf ausgewählten Modellen zum Einsatz. Tatsächlich stattete nur Nokia alle seine Smartphone-Modelle mit Windows (Phone) aus und vermarktete diese mit gewohnter Nokia-Qualität.

Es genügt, wenn Sie als Konsument bzw. als Smartphone-Nutzer wissen, dass es derzeit drei weit verbreitete Betriebssysteme gibt. Es sind dies Googles „Android", Apples „iOS" und Microsofts „Windows (Phone)". Diese sollten Sie sich auf jeden Fall merken, da Sie beim Smartphone-Kauf diesbezüglich eine Entscheidung treffen werden müssen. Sehen Sie sich im Fachhandel vor Ort einmal alle Betriebssysteme in Ruhe an. Sie arbeiten nicht nur unter der Haube auf unterschiedliche Art und Weise, sondern bieten Ihnen die Bedienung der Menüs auch unterschiedlich effizient an. Android und iOS sind sich vom Erscheinungsbild sehr ähnlich, während Windows (Phone) ordentlich aus der Rolle tanzt. Windows (Phone) können Sie sofort an seinen für das Menü typischen Kacheln (viereckige Bedienfelder) erkennen. Lassen Sie sich vom Fachhändler nicht auf ein Betriebssystem festnageln, sondern treffen Sie selbst die Wahl des für Sie angenehmsten Betriebssystems.

Berücksichtigen Sie in Ihren Entscheidungen dennoch die Argumente des Beraters!

Alle Abläufe (Programme), die bereits mit dem Kauf auf Ihrem Smartphone verfügbar sind, können Sie mehr oder weniger mit einem Fingertippen erreichen bzw. starten. Es gibt aber auch Programme, die beim Kauf eines Smartphones nicht inkludiert sind. Diese können Sie praktischerweise nachrüsten. Zum Beispiel erweitern Sie den Funktionsumfang Ihres Smartphones um eine automatische Wetteranzeige inklusive einer Sturmwarnung. Da sich das Wort „Programm" werbetechnisch allerdings schlecht verkaufen würde, haben die Hersteller sich einen kleinen Trick einfallen lassen und bezeichnen diese nun mit dem englischen Ausdruck „application" oder umgangssprachlich auch schlicht als „App" (sprich: aplikäschen oder auch Äp). Der Begriff kann mit „Erweiterung" übersetzt werden.

Es klingt einfach salonfähiger, wenn ich Sie zur Installation einer App auffordern kann, anstelle von Ihnen die Speicherung eines Programmes zu verlangen. Das Wort Computerprogramm ist für sich allein schon so kompliziert und wirkt auf viele Konsumenten eher abschreckend, denn zum Kauf motivierend. Auf manchen Hautcreme-Verpackungen empfiehlt der Hersteller daher auch die

Applikation seines Produktes, weil sich diese Aufforderung professioneller anhört als der schlichte Satz, „schmieren Sie sich die Creme ins Gesicht".

Früher waren nur Experten in der Lage Programme zu installieren und im Anschluss korrekt auszuführen. Dies war ein lästiger Umstand, der die Verbreitung der Programme stark limitierte und den Gewinn der Programmentwickler schmälerte. Damit jeder in den Genuss dieser zum Teil sehr nützlichen Erweiterungen kommen konnte, musste eine Methode entwickelt werden, mit der „kinderleicht" Apps ausgewählt und installiert werden konnten.

Sie ahnen es bereits, die Hersteller hatten einen brillanten Einfall. Sie stellten den Smartphone-Nutzern einen Shop, der umgangssprachlich App-Store (sprich: äpßtohr) bezeichnet wird, zur Verfügung. Dort kann der Konsument den Funktionsumfang seines Smartphones erweitern und gegebenenfalls auch verbessern. Manche Apps werden kostenlos, dafür sehr häufig mit Werbeinblendungen (meistens am Bildschirmrand), angeboten. Andere können Sie nur gegen Bares vom jeweiligen App-Entwickler, der nicht ident mit dem Smartphone-Hersteller sein muss, erwerben. Dafür sind die gekauften Apps in der Regel werbefrei. Die Preise liegen mehrheitlich zwischen 0,99 bis 4,99 Euro, wovon der App-Entwickler/-Verkäufer eine

Gebühr für seine „Verkaufsfläche" an den App-Store-Anbieter abtreten muss.

Damit Ihre Einkäufe nicht mit dem Lebensende Ihres Smartphones verloren gehen, verlangt der App-Store-Anbieter, dass Sie sich bei ihm registrieren. Durch die Registrierung können Sie jederzeit nachweisen, dass Sie zum Besitz der App berechtigt sind, weil Sie diese gekauft oder auch kostenfrei aus dem App-Store erworben haben. Selbst kostenfreie App-Einkäufe werden mit „gekauft" registriert. Dadurch erhalten Sie die App jederzeit, vollkommen unabhängig von etwaigen Preisänderungen, wieder kostenlos.

Je nach Smartphone-Hersteller werden Sie deshalb beim ersten Start Ihres Smartphones mit diesem Registrierungsprozess konfrontiert. Spätestens, wenn Sie im App-Store auf „installieren" tippen, werden Sie zur Registrierung aufgefordert, sofern Sie dieser nicht schon beim ersten Start nachgekommen waren. Im Zuge der Registrierung wollen die Hersteller von Ihnen Ihren Namen, Ihr Geburtsdatum, damit Minderjährigen nichtjugendfreie Inhalte automatisch gesperrt werden können, eine gültige E-Mail-Adresse und neuerdings auch Ihre Telefonnummer wissen.

Die meisten Konsumenten füllen diese Formulare wahrheitsgetreu aus. Einige waren jedoch schon vor dem Spionageskandal des amerikanischen Geheimdienstes NSA (**N**ational **S**ecurity **A**gency) in Sachen Datenschutz vorrausschauend und haben bei den Formularen nicht Ihre wahren Daten angegeben. Wie Sie diesbezüglich verfahren, müssen Sie mit Ihrem Gewissen selbst vereinbaren. Zwei Dinge will ich Ihnen aber ans Herz legen.

Erstens, schreiben Sie in jedem Fall auf, welche Daten Sie angegeben haben und legen Sie die Notiz in den Ordner mit Ihren Versicherungen, Urkunden, Schulzeugnissen usw.

*Zweitens, geben Sie entweder eine korrekte E-Mail-Adresse oder **zumindest Ihre korrekte Telefonnummer** an.* Falls Sie das bei der Registrierung von Ihnen selbst gewählte Passwort nicht mehr wissen, können Ihnen diese beiden Angaben, Ihre Mobiltelefonnummer **oder** Ihre E-Mail-Adresse, dabei helfen wieder Zugang zu Ihren Daten zu erhalten. Außerdem kann der Service-Dienstleister Sie auf diesem Weg kontaktieren falls ein unbefugter Zugriff stattgefunden haben sollte.

Können Sie sich noch an das Archivierungslimit der **SIM-***salabim*-**Karte** erinnern? Durchschnittlich 200 Kontakte inklusive Telefonnummern kann man auf der SIM-Karte speichern. Diese gehen beim Wechsel auf ein neues Telefon nicht verloren, da Sie normalerweise die SIM-Karte vom alten Mobiltelefon ins neue Mobiltelefon mitnehmen können. Was geschieht aber mit den restlichen Kontakten, wenn Sie das Limit überschritten haben?

Früher half Herr Blauzahn einem aus der Patsche. Genauer gesagt war es der Herr König Blauzahn. Der dänische König Harald Blauzahn war es, der verfeindete Teile Dänemarks und Norwegens trotz des vorherrschenden Misstrauens zusammenbringen konnte. Sein Name wird im Englischen zu King Bluetooth und steht Pate für die gleichnamige kabellose Bluetooth-Verbindung zwischen Mobiltelefonen untereinander aber auch grundsätzlich unter Elektrogeräten. Wie die Entwickler der drahtlosen Kommunikation für den Nahbereich, üblicherweise an die 10 Meter Maximaldistanz, von der Lösung eines technischen Problems auf den Namen eines dänischen Königs gestoßen sind, wird wohl ein Geheimnis deren Barkeepers bleiben. Zumindest will meine Vorstellungskraft nicht für eine plausiblere Erklärung ausreichen.

Nichtsdestotrotz verbinden die heutigen Smartphone-Hersteller das Notwendige mit dem Nützlichen. Wer sein Smartphone mit praktischen Apps erweitern will, der muss sich nun mal registrieren. - Soweit waren wir bereits schon. - Gleichzeitig können durch die Registrierung aber auch Ihr Telefonbuch, Ihr Terminkalender und Ihre E-Mails, die elektronisch verfassten Briefchen, bei einem zentralen Speicher des Service-Dienstleisters archiviert werden. Aus diesem Grund fordert Sie das Registrierungsformular dazu auf einen Benutzernamen bzw. eine Wunsch-E-Mail-Adresse (alles *vor* dem „@"-Zeichen ist frei wählbar, sofern nicht schon durch einen anderen Kunden vergriffen) auszuwählen. Mit dem Benutzernamen bzw. der E-Mail-Adresse können Sie sich gegenüber Ihrem Service-Dienstleister, der ident mit dem Hersteller des Betriebssystems bzw. App-Stores ist, als zu diesen Informationen zugangsberechtigte Person ausweisen. Dieser Vorgang wird auch „verifizieren" bezeichnet. [Nur **Sie selbst** sollten die Kombination aus **Benutzernamen**/E-Mail-Adresse **und Passwort** kennen!]

Ich würde mit Ihnen gerne eine kleine Wette abschließen. Leider können nur Sie feststellen wer von uns Beiden gewonnen haben wird, aber sei´s drum, ein wenig Spaß muss sein. Da hartnäckigen Gerüchten zu Folge, in (weiten) Teilen Italiens, immer noch die Mafia in einer Art Schattenregierung über die Bevölkerung herrscht, wette ich mit Ihnen, dass in so manch einem Gemäuer eines pikfeinen Hauses eine mumifizierte Leiche zu finden ist.

Nach so vielen Jahren wird es schwer sein die Identität der armen Opfer korrekt zu verifizieren. Hätte es früher Mobiltelefone für die breite Bevölkerungsschicht gegeben, dann hätten die Mordkommissare an Hand der Mobiltelefonverbindungen Hinweise über die Identität der Mörder und der Opfer erhalten können. Die Verifizierung der mumifizierten Leichen wäre ebensoleicht von der Hand gegangen wie die Verifizierung der Mörder. Unter Umständen wäre sogar das eine oder andere Opfer samt Mobiltelefon eingemauert worden. Dann hätte man die gespeicherten Kontakte genauer analysieren und Rückschlüsse auf die letzten Stunden ziehen können. Sie können erkennen wie schnell sich die Zeiten geändert haben? Heutzutage muss kein Smartphone mühselig gesucht und gefunden werden, da alle Ihre Daten (**Kontakte, Termine,** *SMS, Fotos, Videos, E-Mails…*) beim Service-Dienstleister mit Ihrer Registrierung zum App-Store automatisch **gespeichert werden** *(können)*.

Aus Sicht des Datenschutzes ist jedoch die zentrale Speicherung aller Ihrer auf das Smartphone bezogener Daten ein echtes Problem. Wie wichtig den Smartphone-Herstellern unsere Informationen sind, können Sie daran erkennen, dass viele unter Ihnen die strengen Datenschutzregeln in Europa umgehen, indem Sie Ihre **persönlichen(!)** Daten nicht in Europa, sondern in den

Vereinigten Staaten archivieren - alle Service-Dienstleister haben dort ihren Gründungsursprung.

Daten, die in den USA archiviert werden, unterliegen dem viel „lockereren" amerikanischen Datenschutzgesetz. Die dafür verantwortlichen Abteilungen der Service-Dienstleister beteuern zwar brav „nur" einen Service anzubieten und jedem Missbrauch vorzubeugen und in puncto Sicherheitsbemühungen dürfen wir den Unternehmen sehr wohl ein Stück weit Vertrauen entgegenbringen.

Jedes Unternehmen fürchtet sich vor einem Skandal, der einen Marktführer im Handumdrehen zur heißbegehrten Konkursmasse werden lassen kann!

Jedoch löst dies nicht das Problem, dass Missbrauch nun einmal Missbrauch ist. Es spielt keine Rolle, ob der Missbrauch wie im Fall des NSA-Spionageskandals staatlich angeordnet oder dieser zumindest von staatlichen Stellen toleriert wurde oder ob der Missbrauch auf private Handlungen zurückgeht. Missbrauch ist leider nicht vollständig vermeidbar.

Mit diesen zusätzlichen Informationen dürften Sie auch verstehen warum manch ein Smartphone-Besitzer nicht seine wahrheitsgemäßen Daten bei der Registrierung angegeben hat. Es ging diesen Personen nicht darum etwas (Strafbares) zu verbergen, sondern vielmehr darum ihre Privatsphäre in einer privaten Sphäre zu erhalten.

In der EU wäre diese eigentlich nach Artikel 8 der Menschenrechtskonvention geschützt. Dennoch nimmt unter Missachtung selbigen Artikels die Invasion, sowohl von staatlichen als auch gewerblichen „Intrudern" stetig zu.

Leider bieten die schlichten Versuche sich durch vermeintliche Anonymität vor der bereits real gewordenen Totalüberwachung(!) schützen zu wollen keinen ausschlaggebenden Vorteil. Nur allzu oft wird darauf vergessen, dass man auf Dauer die Lieferungen nicht vor dem Lieferanten geheim halten kann. Mit dieser Aussage möchte ich Ihnen vor Augen halten, dass früher oder später jeder in ein („verräterisches") Hoppla tappen wird. Den Schutz Ihrer Privatsphäre von vornherein aufzugeben ist allerdings auch keine Lösung! Artikel 8 der europäischen Menschenrechtskonvention veranschaulicht den gegenwärtigen „schwachen" Schutz Ihrer Privatsphäre.

Artikel 8 – Recht auf Achtung des Privat– und Familienlebens

Jede Person hat das Recht auf Achtung ihres Privat– und Familienlebens, ihrer Wohnung und ihrer Korrespondenz.

Eine Behörde darf in die Ausübung dieses Rechts nur eingreifen, soweit der Eingriff gesetzlich vorgesehen und in einer demokratischen Gesellschaft notwendig ist für die nationale oder öffentliche Sicherheit, für das wirtschaftliche Wohl des Landes, zur Aufrechterhaltung der Ordnung, zur Verhütung von Straftaten, zum Schutz der Gesundheit oder der Moral oder zum Schutz der Rechte und Freiheiten anderer.

Dieses befleckte Feld ist keine Schokoladenwerbung mit einer verunglückten Kuh, sondern eine moderne Form eines Strichcodes (Barcodes) und wird QR-Code genannt. QR steht für Quick Response, zu Deutsch in etwa „schnelle Antwort", weil Maschinen diesen besonders schnell auslesen können. **Scannen Sie keine überklebten Codes oder Codes von unbekannten Quellen ein, da diese Ihr Smartphone zu Schadprogrammen auf dafür präparierten Internetseiten leiten könnten.**

Mit Hilfe Ihrer Mobiltelefon- oder einer Tablet-Kamera und einer App [z.B. QR-Codescanner...] können Sie den QR-Code auslesen und den Inhalt anzeigen lassen. Somit sparen Sie sich das lästige Abschreiben des oben angeführten Links [unterstrichene Zeile], da Sie diesen direkt auf dem Bildschirm Ihres Mobiltelefons bzw. Tablets angezeigt bekommen werden.

QR-Code Generatoren stehen jedermann (kostenlos) im Internet zur Verfügung. Mit deren Hilfe können Sie kinderleicht digitale

Visitenkarten, Liebesbotschaften oder Internetadressen als QR-Codes erstellen.

Die Welt des Internet und der App-Store

Jeder redet vom Internet, aber nur die wenigsten wissen wie das komische Ding eigentlich funktioniert. Lassen Sie uns das ändern und gemeinsam ein wenig Licht in dieses Mysterium bringen. Wir wollen aber nur an der Oberfläche kratzen!

Versetzen wir uns noch einmal zurück in die Zeit des Wilden Westens und stellen uns vor, dass wir als amerikanische Ureinwohner 100 km Grenze vor der Invasion der Revolverhelden schützen müssen. Unsere Krieger können wir nicht überall an der Grenze postieren. Eine Aufteilung entlang der Grenze würde zu Lasten unserer Kampfkraft gehen. Dann hätten die Eroberer leichtes Spiel mit uns. Dummerweise wissen wir nicht, wo sie ihren nächsten Angriffsversuch starten werden. Wir sind also auf eine List angewiesen.

Dazu lassen wir Stammesbrüder in Zweiergruppen im Abstand von 10 km Distanz entlang der Grenze Wache schieben und verabreden, dass ein Rauchzeichen das Signal eines bevorstehenden Angriffs sein wird. Bei einem Angriff im Norden würden die betroffenen Stammesbrüder das vereinbarte Rauchsignal geben, dann der benachbarte

Wachposten usw. bis das Rauchsignal bei uns im Süden ebenfalls zu sehen wäre. Wir müssten dann nur noch entlang der Grenze reiten bis wir auf das letzte Rauchzeichen stoßen würden. Dort wären wir in der Lage gegen den bevorstehenden Angriff Stellung zu beziehen. Ein guter Plan oder etwa nicht?

Nein, es ist nur ein mäßig guter Plan, da der Gegner uns überlisten könnte! Würde dieser an der nördlichsten Stelle unserer gemeinsamen Grenze angreifen und südwärts auf halber Strecke die Stammesbrüder eines Wachpostens töten, dann wäre unsere Signalkette unterbrochen. Der Abstand zwischen den einzelnen Wachposten würde an dieser Stelle von 10 km auf unvorteilhafte 20 km anwachsen. Diese Distanz dürfte groß genug sein, um die Signalkette wirkungslos werden zu lassen. Die armen Stammesbrüder im Norden würden vergeblich auf unsere Krieger warten. Durch unsere dilettantischen Bemühungen wären wir unserer Niederlage einen großen Schritt nähergekommen.

Mit ähnlichen Überlegungen sahen sich die amerikanischen Militärstrategen während des Kalten Krieges konfrontiert. Noch vor der ersten Mondlandung wurden im Auftrag der amerikanischen Luftwaffe die ersten „Gehversuche" in einer neuartigen Form der Kommunikation gemacht. Damals war der Kalte Krieg zwischen Amerikanern und Sowjets voll entbrannt und das Militär der Vereinigten Staaten versuchte einzelne voneinander unabhängig arbeitende amerikanische Universitäten, die im militärischen Auftrag forschten, untereinander zu vernetzen. Bis dato waren die Informationswege simpel und leistungsschwach, mit der Folge, dass die Universitäten nur selten auf gleichem Informationsstand waren und überschüssige Rechenkapazitäten ihrer Großrechner mitunter ungenutzt blieben. Ein Ausfall eines Informationsweges führte zum Totalausfall dieser Verbindung und war ein herber Rückschlag für die betroffenen Universitäten und in weiterer Folge für die Projekte der amerikanischen Luftwaffe.

Das genialste Konzept, das zur Lösung dieses Problems entwickelt wurde, manifestierte sich im Vorläufer des Internets, dem Arpanet. Es war deshalb so genial, weil es auf der Grundlage einer dezentralisierten Vernetzung basierte. Ein Ausfall eines einzelnen Kettenglieds führte nicht mehr zum Totalausfall dieses Informationszweigs wie bei unseren Stammesbrüdern. Stattdessen erhöhte sich die Ausfallsicherheit mit steigender Zahl an Netzwerkteilnehmern!

Nun gab es nicht mehr nur eine Direktverbindung zwischen zwei Computern, die über primitive Telefonleitungen realisiert wurde, sondern es kamen zahlreiche indirekte Verbindungen hinzu.

Die Autobahnroute von München nach Rom verläuft in ihrer kürzesten Verbindung durch Österreich. Falls im Winter auf Grund der alpinen Wetterlage kein Vorankommen auf dieser Route möglich sein sollte, können Sie über die Schweiz ausweichen und trotz des Totalausfalls der kürzesten Route Rom sicher erreichen. Die Reise dauert zwar länger, aber der entscheidende Punkt ist, dass das Ziel erreichbar bleibt.

In puncto Internet wird dieses Konzept in der Praxis ebenfalls angewandt. Allerdings gibt es unzählige unterschiedliche Wege zum gewünschten Ziel, sodass die Routenplanung idealerweise ohne unser Zutun umgesetzt werden muss bzw. umgesetzt wird. Wir sehen, egal, ob am Mobiltelefon, Tablet, Laptop oder PC immer nur das Ergebnis. Damit es zu keinem „Verkehrsstau" auf der Datenautobahn kommt, werden die zu übermittelnden Informationen in kleine Häppchen, auch Datenpakete genannt, zerstückelt und einzeln über die verschiedenen Routen beinahe gleichzeitig ans Ziel transportiert. Erst am Ziel werden die zahlreichen Datenpakete wieder zu einem großen Ganzen zusammengesetzt und die Information für den Empfänger sichtbar gemacht.

Damit diese Methode fehlerfrei funktionieren kann, wird jedem Gerät, das mit dem Internet in Kontakt tritt, ein eindeutiges und weltweit einzigartiges „Autokennzeichen" zugewiesen. Dieses Kennzeichen nennen die Fachleute „IP-Adresse", weil es den Regeln des Internetprotokolls (IP) unterliegt. Sie können dies mit einem Autokennzeichen, das den Regeln der EU unterliegt, vergleichen. Es muss erkenntlich sein, dass die Kennung zur EU gehört. Außerdem muss das Autokennzeichen das Land anzeigen, in welchem es bei den Behörden gemeldet wurde und auch eine eindeutige Autokennzeichenkombination enthalten. In der Computerfachsprache und im Internet ist das nicht anders. Das größte Hindernis zum Verständnis des Internets sind die englischen Fachbegriffe und die Tatsache, dass das weltumspannende Netz (auf Englisch – das „World Wide Web" sprich: wörld weid web) nicht wirklich mit Händen greifbar ist.

Da das Internetprotokoll gewisse Verhaltensregeln von seinen Nutzern abverlangt, wurden von IT-Spezialisten eigene Programme entwickelt, die für Sie die gesamte Bürokratie im Hintergrund erledigen, sodass Sie sich voll und ganz auf Ihr Vergnügen konzentrieren können. Von diesen Programmen haben Sie unter Umständen schon einmal gehört oder Sie verwenden diese ohne tieferes Verständnis bereits fleißig – so gut entwickelt sind die Programme wohlgemerkt!

Ein Autohersteller baut unter seinem Firmennamen Autos. Dadurch können seine Kreationen weltweit seiner Schöpfung zugeordnet werden.

Programmierer, also Menschen, die hauptberuflich Programme schreiben, haben ebenfalls Unternehmen gegründet, die wie die Unternehmen der Kraftfahrzeughersteller aus einem Heer von Arbeitern bestehen. Die zwei bekanntesten Chefs der Computerbranche waren Bill Gates und der an Bauchspeicheldrüsenkrebs erkrankte und inzwischen verstorbene Steve Jobs. Bill Gates gründete am 4. April 1975 das Unternehmen „Microsoft" und Steve Jobs am 1. April 1976 das Unternehmen „Apple". Über Jahrzehnte hinweg waren diese beiden milliardenschweren Herren mit ihren Unternehmen die Idole der gesamten Computerbranche. Von ihren Unternehmen stammen die Programme „Internet Explorer" (Microsoft) und „Safari"—Browser (Apple).

VW und Audi sind die Hersteller mit denen wir Microsoft und Apple bildlich gleichstellen wollen, wobei der Internet Explorer in etwa einem frisierten VW Käfer gleich zu setzen wäre und der Safari-Browser mit einem Audi A3 Ähnlichkeiten aufweisen würde. Neben diesen beiden gibt es inzwischen noch andere „Automodelle" von weniger berühmten bzw. von jüngeren Entwicklern. Mit dem „Firefox" von der Firma „Mozilla-Foundation" oder dem „Google-Chrome-Browser" der Firma „Google" können Sie mehr oder weniger dasselbe machen wie mit dem „Safari-Browser" oder auch mit dem „Internet Explorer", der auf Wunsch des Unternehmens Microsoft ab Mitte 2015 „Microsoft Edge" (sprich: ätsch) heißen soll. In der Elektronik ist es aber wie auf dem Automarkt, jedes Automodell hat seine Vor- und Nachteile und jedes Modell unterscheidet sich ein klein wenig von den anderen Modellen. Dennoch „fahren" alle über die gleichen Autobahnen und dieselben Landstraßen. Ob Sie nun den Microsoft Edge-Browser, den Safari-Browser, den Firefox, den Google-Chrome-Browser oder irgendeinen anderen Browser wie zum Beispiel „Opera" innerhalb des Internets als Transportmittel verwenden, ist ganz allein Ihnen und Ihren Vorlieben überlassen. Idealerweise probieren Sie im Lauf der Zeit viele **Browser** (sprich: Brauser) aus. Der Ausdruck „Browser" verkörpert den allgemeinen

Überbegriff für *Schmöker-Programme* aus der Internetindustrie, genau wie der Begriff „Auto" für alle unterschiedlichen Kraftfahrzeugmodelle gebräuchlich ist.

Beim nächsten Ausflug ins Grüne denken Sie während der Autofahrt doch einfach einen kurzen Moment daran, dass die Mehrheit der Weltbevölkerung diese Art von Luxus nicht kennt. Viele Menschen können sich ein Auto erst gar nicht leisten, geschweige denn mit einem Browser im Internet surfen. Ein knappes Achtel der Weltbevölkerung (~12%) leidet Hungersnot und ist schon froh, wenn sie den nächsten Tag überhaupt erleben darf!

Alle Smartphones werden mit dem von ihrem Betriebssystemhersteller hauseigenen Browser (Automodell) fürs Internet ausgeliefert, wobei sich auf Wunsch Alternativen über den App-Store nachrüsten lassen. Das iPhone, eines der teuersten Smartphones am Markt, wird von der Firma Apple gebaut und wird daher standardmäßig mit dem Safari-Browser ausgeliefert. Die Lumia-Modellreihe des ehemaligen europäischen Traditionsherstellers Nokia, dessen Mobiltelefonsparte Ende April 2014 von dem amerikanischen Konzern Microsoft aufgekauft wurde, wird mit dem hauseigenen Microsoft Edge-Browser der Firma

Microsoft (nicht Nokia) ausgeliefert. Der Microsoft Edge-Browser wird ebenfalls kostenfrei zur Verfügung gestellt. Fast alle anderen Smartphone-Hersteller, darunter Namen wie Samsung, Sony, HTC, LG usw. sind vor Jahren eine Partnerschaft mit dem Internetkonzern Google eingegangen. Google stellte diesen namhaften Markenunternehmen nicht nur „Android" als Mobiltelefonbetriebssystem zur Verfügung, sondern eben auch den hauseigenen Google-Chrome-Browser. Können Sie noch den Überblick behalten?

Es ist schwer, ich weiß, aber Sie versuchen sich gerade die wichtigsten Automodelle der namhaftesten Produzenten zu merken. Das kann nicht leicht sein! Denken Sie an Ihre Kindheit zurück. Damals wussten Sie auch nicht von heute auf morgen die Namen aller Automarken und Ihrer Modelle.

Kinder tendieren vielmehr dazu sich nur die berühmtesten Automarken zu merken und vielleicht noch die Autohersteller, von denen Mama und Papa mit leuchtenden Augen schwärmen.

Erst mit der Zeit kamen immer mehr Hersteller mit ihren unterschiedlichen Modellen hinzu. Machen Sie es in der Elektronik doch genau wie in Ihrer Kindheit! Merken Sie sich zunächst Microsoft, Apple und Google. Alle drei besitzen unter anderem die Modelle Microsoft Edge-Browser, Safari-Browser und Google-Chrome-Browser. Belassen wir es dabei!

Lassen Sie uns kurz rekapitulieren und die komplexe Thematik erneut auffächern. Wir wissen nun, dass das Internet für uns nichts Greifbares ist. Es verbindet Computer, Mobiltelefone und andere Elektrogeräte miteinander. Die Verbindungswege werden auch als Datenautobahn bezeichnet, weil der Informationsaustausch zwischen den Geräten sehr rasch erfolgt und dadurch große Informationsmengen rasant übermittelt werden können.

In der Zeitspanne zwischen Ihrem Gedanken den großen Zehen bewegen zu wollen und dem Eintreten dieser Bewegung ist eine Information auf der Datenautobahn bereits von Südamerika nach Japan gereist!

Damit es nicht zu einem heillosen Durcheinander kommen kann, werden automatisch alle Geräte, die kein „gekauftes unveränderliches Kennzeichen" besitzen, mit jedem neuen Kontakt zum Internet mit einem weltweit einzigartigen Autokennzeichen, der sogenannten IP-Adresse, ausgestattet. Wollen Sie sich im Internet mühelos fortbewegen ohne sich um irgendein „Regelwerk" kümmern zu müssen, benötigen

Sie ein Auto, welches TÜV geprüft und auf dem letzten Stand der Verkehrsregeln ist. Ein derartiges Kraftfahrzeug ist mit den einzelnen Browsern vergleichbar. Es gibt mehrere Unternehmen, die Ihnen Ihre hauseigenen Modelle kostenfrei zur Verfügung stellen. Dazu gehören der amerikanische Konzern Microsoft, der Ihnen den Microsoft Edge-Browser zur Verfügung stellt, Apple und dessen Safari-Browser, als auch Google mit dem Google-Chrome-Browser. Alle drei angeführten Programme sind Automodelle mit ähnlicher Ausstattung, die Ihnen ohne komplexes Hintergrundwissen dennoch *sicheres* und komfortables Browsen (Schmökern) durch das Internet ermöglichen.

Im Gegenzug für die gebührenfreie Benutzung deren Browser erklären Sie sich bereit, dass diese Unternehmen *„anonymisierte"* Daten von Ihren Gewohnheiten sammeln und auswerten dürfen. Was hier genau gesammelt wird, können Sie auf den jeweiligen Internetseiten dieser Unternehmen unter den sogenannten „Datenschutzrichtlinien" nachlesen. Ich glaube aber, dass dies nur die wenigsten Menschen jemals getan haben.

Mit den Datenschutzrichtlinien ist es so wie mit den **AGB**s, den **A**llgemeinen **G**eschäfts**b**edingungen. Sie sind meist elendslang, mit zahlreichen Fachausdrücken übersät, die nur

Experten und engagierte Interessenten zu interpretieren wissen und ändern sich in regelmäßigen Abständen, sodass Ihnen rasch die Lust, jedes (verdammte) Mal alles erneut überprüfen zu müssen, vergehen mag.

Wir haben nun beinahe alles Nötige besprochen, damit Sie einen ersten groben Überblick über die Thematik haben.

Der Sinn und Zweck des gesamten Internets liegt einzig und allein in der Herstellung einer **Verbindung** zu unterschiedlichen **„Internetseiten"**. Diese sind auf unzähligen, Rund um die Uhr betriebenen Computern gespeichert und somit 24 Stunden täglich, 7 Tage die Woche abrufbereit. Solch hochgradig spezialisierte Computer werden auch „Server" (sprich: sörwer) genannt, da sich ihre Aufgabe auf das Servieren von Informationen (Texte, Bilder, Ton und Videos), die das Grundgerüst aller Internetseiten bilden, beschränkt. Mit Hilfe der **Datenautobahnen**, sie bilden die Infrastruktur, können Sie die Internetseiten erreichen. Die einzelnen Internetseiten können Sie mit Buchseiten vergleichen, wobei das Buch selbst eine Art „Gelbe Seiten" für Unternehmen aber auch für private Seitenbetreiber ist. Internetseiten werden umgangssprachlich auch „Homepage" (sprich: hohmpähtsch) genannt, was etwas schwammig mit „Haus-Seite" übersetzt werden kann.

Eigentlich meint man damit, dass jeder Internetseitenbetreiber innerhalb des Internets unter einer bestimmten Adresse zu Hause, also unter einer Heimatadresse, erreichbar ist.

Erinnern Sie sich zurück – alle mit dem Internet verbundenen Geräte werden mit einem einzigartigen Autokennzeichen, der IP-Adresse, gekennzeichnet.

Dadurch werden automatisch alle Internetseiten, genau wie die Seiten eines Buches, mit eindeutigen „Seitenzahlen" katalogisiert. Da sich die meisten Menschen Zahlen allerdings nur sehr schlecht merken können, hat man die Seitenzahlen des Internet in Namen geändert. Aus der ursprünglichen Zahlenwurst einer gekauften und somit unveränderlichen **IP-Adresse**, http://173.194.112.175, wird auf Wunsch dieses Seitenbetreibers http://www.google.de und aus der Zahlenwurst eines anderen Seitenbetreibers, http://204.79.197.200, wird wiederum auf dessen Wunsch http://www.bing.de. Während unser Browser sich mit den Seitenzahlen als auch mit den Namen zurechtfinden kann, ist es für uns vollkommen ausreichend, wenn wir uns nur die Namensadresse, **google.de** oder auch **bing.de**, dieser Internetseitenbetreiber merken. Haben wir sogar die

Namensadresse vergessen, dann können wir die Hilfe von sogenannten „Suchmaschinen" beanspruchen. Diese durchsuchen für uns das Internet nach unseren frei wählbaren Kriterien, wie zum Beispiel „Wetter" und „Berlin". Mögliche Übereinstimmungen, auch Suchtreffer genannt, listen die Suchmaschinen in einer praktischen Übersicht für uns auf. So können wir mühelos von einer Internetseite zur nächsten wechseln, genau wie ein Surfer mit Vergnügen von einer Brandungswelle zur nächsten Brandungswelle surfen kann.

Mit Hilfe der Browser (Microsoft Edge-Browser, Safari-Browser oder Google-Chrome) können Sie zu den Suchmaschinen gelangen bzw. besser gesagt surfen. Früher, also vor der Internetära, hätten wir die Suchmaschinen schlicht Zentralregister genannt. Auch hier mischen wieder allerlei Unternehmen mit! Wir wollen uns wiederum nur die berühmtesten merken, damit unser rauchender Kopf nicht noch einen Krieg zwischen Cowboys und amerikanischen Ureinwohnern vom Zaun brechen wird!

Zuvor wiederholen wir kurz:

Das Internet ist ein weltumspannendes Netzwerk aus Informationsautobahnen, die unterschiedliche „Heim"-Adressen, auch Homepages genannt, untereinander verbinden. Diese Adressen sind, genau wie die Autokennzeichen aller sich im Internet befindender Geräte, aus einer exakten und einzigartigen Zahlenkombination zusammengesetzt. Da wir uns diese komplexen Zahlenkombinationen einzelner Internetseiten nur schwer merken können, benötigen wir ein Fahrzeug, das dies für uns, inklusive der Fahrt dorthin, übernimmt. Diese Aufgaben erfüllen seit Jahren die unterschiedlichen Browser (Microsoft Edge-Browser, Safari-Browser, Google-Chrome-Browser, etc.) hervorragend. Es genügt daher vollkommen, wenn wir unserem Browser mitteilen, dass wir zu der Adresse „*www.ich-hau-mich-weg.com*" surfen wollen. Dieser weiß unter welcher Seitenzahl die entsprechende IP-Adresse registriert wurde und über welche Autobahn er uns dorthin bringen kann. Für den Fall, dass uns keine (exakte) Namensadresse unseres Ziels bekannt ist, können wir beim Zentralregister *kostenlos* um Hilfe bitten. Zentralregister werden neudeutsch Suchmaschinen genannt und Unternehmen wie Microsoft, Google oder Yahoo stellen Ihre Zentralregister, die das Internet nach deren eigenen Kriterien katalogisieren, allen Internetnutzern *gebührenfrei* zur Verfügung. Auch bei den Suchmaschinenanbietern werden, ebenso wie bei den Browsern, „*anonymisierte*" Daten unserer Vorlieben, nämlich unsere Suchanfragen, gesammelt und ausgewertet. Weitere Informationen finden Sie unter dem Schlagwort „Datenschutzrichtlinien" auf den entsprechenden Internetseiten der jeweiligen Unternehmen.

Jenes Unternehmen, welches den Zentralregister-Anbietermarkt am kräftigsten aufmischte war die damals junge Firma Google.

Der Jahrtausendwechsel stand „vor der Tür", als am 27. September 1998 die Firma Google, mit ihrer effizienten gleichnamigen Suchmaschine, begann das Internet und seine unzähligen Seitenzahlen bei sich zu registrieren und nach dem firmeneigenen Gutdünken zu katalogisieren. Das Resultat dieser Anstrengungen war, dass Sie nun nicht mehr eine exakte Internetadresse, weder die Zahl noch den Namen, kennen mussten. Innerhalb der Google-Suche genügte es Schlagworte (Suchbegriffe) einzutippen, sodass Google im hauseigenen Zentralregister passende Kombinationen für Sie heraussuchen und Ihnen in Form einer Aufstellung an Ihrem Bildschirm anzeigen konnte.

In Ihrer Kindheit zog die Familie einer Ihrer Freunde von Wien nach Berlin um. All die Jahre haben Sie sich seine Berliner Adresse genau gemerkt, da dies die einzige Möglichkeit war den Kontakt zu Ihrem liebgewonnen Freund aufrecht zu halten.

Die technologischen Entwicklungen der letzten Dekaden veränderten Ihre Gewohnheiten zusehends. Inzwischen genügt es einen Blick ins Telefonbuch zu werfen, um die Adresse Ihres Freundes zu erfahren. Einfach so, ruckzuck!

Hätten Sie 1897 verkündet, dass eines Tages fast alle Menschen inklusive deren Wohnadresse in sogenannten Telefonbüchern registriert sein werden, dann wären Sie damals bestimmt für unzurechnungsfähig erklärt worden. Jaja, so ändern sich die Zeiten!

Neben der Google-Suchmaschine gibt es übrigens noch die Bing-Suchmaschine vom Mitbewerber Microsoft. Außerdem gibt es noch „Yahoo!", „Yandix" und viele andere Suchmaschinenbetreiber, die Ihnen nur allzu gerne Ihre Hilfe anbieten! Was Sie sich allerdings unbedingt merken sollten, ist die Tatsache, dass (manche) Suchmaschinenanbieter Ihren Betriebsumsatz mit Werbung erwirtschaften.

Sie können dies bei den angezeigten Suchergebnissen am dezenten Hinweis „Anzeige" bzw. „gesponsertes Ergebnis" erkennen. Damit soll Ihnen klargemacht werden, **dass jemand dafür bezahlt hat, dass Sie dieses Suchergebnis unter den ersten Ergebnissen auffinden.**

Worin liegt nun der Unterschied zwischen dem Internet und dem App-Store?

Kurz gesagt, das Internet steht für alle Autobahnen, die es weltweit gibt, während der App-Store nur die Autobahnen eines einzelnen Staates repräsentiert. Sie benötigen das Internet, damit Sie mit dessen Hilfe zu einem bestimmten App-Store *surfen* können, genauso wie Sie Österreichs Autobahnen benötigen, um auf direktem Weg von München nach Rom zu gelangen.

Was findet man im App-Store und warum braucht das Internet noch einen eigenen App-Store?

Zunächst kommt das Internet sehr gut ohne App-Store aus, dafür kann aber der App-Store nicht ohne die Zufahrtsstraßen des Internets auskommen. „App", das hatten wir ja schon, ist die Kurzform des englischen Wortes „Application" und kann frei mit „Erweiterung" übersetzt werden. „Store" ist einfach nur ein anderer Ausdruck für „Shop", welcher üblicherweise mit Geschäft übersetzt wird. Akkurater betrachtet ist der „Store" aber eher die englische Bezeichnung für ein „Waren- bzw. Lagerhaus". Ich persönlich würde den Ausdruck „App-Store" am liebsten mit „Fachgeschäft für Erweiterungen" ins Deutsche übertragen, da im App-Store nur Produkte erhältlich sind, die ausschließlich für einen bestimmten Kundenkreis hergestellt wurden.

Auch hier gibt es wieder drei „Big Player", also drei große Konzerne, die den Ton in diesem Metier angeben. Sie kennen diese bereits. Microsoft hat seinen **Windows-Store**. Mit dieser Bezeichnung will Microsoft Ihnen vermitteln, dass Sie dort **nur** Apps für Geräte bekommen, die mit dem **Betriebssystem Windows** in Verbindung stehen. Bei Google heißt der App-Store schlicht und einfach Play-Store, manchmal auch **Google-Play-Store**. Das Wort „Play" kennen Sie vom CD-Spieler oder DVD-Player und bedeutet „spielen" bzw. „abspielen". In diesem Fall will uns Google mitteilen, dass der Play-Store, jenes Fachgeschäft ist, in dem Sie sich spielerisch austoben können. Auch hier gilt wieder die Prämisse, dass es sich um ein Fachgeschäft handelt, das **nur** Apps für Geräte anbietet, die mit dem **Google-Betriebssystem Android** ausgestattet sind. Zu guter Letzt will ich Ihnen noch den dritten großen Store im Bunde vorstellen. Die Rede ist natürlich vom Hersteller Apple und seinem **iTunes-Store** für Geräte mit dem **Betriebssystem iOS**. Das „i" (sprich: ei) findet sich bei fast jedem Produktnamen von Apple. Was dem Bayern sein zustimmendes „i a" ist, muss dem Applekäufer wohl das kleine „i" sein, dass mit „ich" übersetzt werden kann. Laut dem verstorbenen Unternehmensgründer Steve Jobs stand das kleine „i" ursprünglich „nur" für die Internetfähigkeit der Apple-Geräte, die das „i" im Namen enthalten hatten. „Tunes" ist der englische Ausdruck für Klänge bzw. Töne.

Bevor Apple den iTunes-Store auch zu einem App-Store erweiterte, war dieser nämlich eine Musikplattform von der jeder Musik via Internetverbindung kaufen konnte. Inzwischen ist der iTunes-Store zu einem App–Store für Geräte mit klingenden Namen wie iPhone, iPad, usw. herangewachsen. Mit anderen Worten kocht auch dieser Hersteller mit dem für seine Geräte abgestimmten Angebot sein eigenes Süppchen.

Wie diese Konzerne, Microsoft, Google und Apple, vom Computer-, Smartphone- und Internetbusiness ihren Weg in die Gastronomie gefunden haben, ist schnell erklärt. Da ein App-Store auf die hauseigene Produktpalette zugeschnitten ist, bedeutet dies, dass Sie diesem Konzern über längere Zeit die Treue halten werden, sofern Sie bei einem Wechsel zu einem Konkurrenzhersteller nicht alle Apps erneut kaufen wollen. Auch so kann man Produkttreue -räuspern- erheischen. Diese Vorgehensweise hatten wir doch schon vor der Ära der genormten Micro-SD-Karten erlebt?!

Nichtsdestotrotz bevorzugen die meisten Menschen die Verhätschelung. So kommt es auch, dass wir vor allem in Situationen, die für uns nur schwer nachvollziehbar sind, die sanfte Bevormundung *-räuspern-* bevorzugen. Dementsprechend liefert jeder Smartphone-Hersteller nur den für sein Betriebssystem zurechtgeschnittenen App-Store mit aus.

Die zuvor erwähnten App-Stores sind ähnlich einem Versandhandel-Katalog aufgebaut. Sie finden dort Kategorien, die Ihnen wie eine Inhaltsangabe eines Buches die Auswahl erleichtern sollen. Unter den Kategorien finden Sie Begriffe wie „Spiele", „Musik", „Anwendungen", „Werkzeuge", usw.

Es gibt aber auch in den App-Stores wie bei fast jedem elektronischen Programm eine Lupe innerhalb eines Kreises. Dieses Symbol signalisiert Ihnen, dass Sie hier wie Sherlock Holmes mit seiner Lupe nach den kriminell guten Programmen suchen können. Alles was Sie tun müssen reduziert sich auf das Eintippen von Schlagworten, die Ihr Begehr beschreiben. Im Anschluss erhalten Sie dann zu Ihrer Suchanfrage die „Treffer", wie die zutreffenden Suchergebnisse umgangssprachlich auch bezeichnet werden. So dann können Sie in aller Seelenruhe aus dieser Liste das Objekt Ihrer Begierde auswählen.

Vorsichtiges Herantasten an die Funktionen Ihres Smartphones

- SIM-Karte oder W-LAN? – Ihr Anschluss in die vernetzte Welt

- Bluetooth

- Achtung Kamera

SIM-Karte oder W-LAN? – Ihr Anschluss in die vernetzte Welt

Wie wir bereits veranschaulicht haben, können wir den Funktionsumfang unseres Smartphones mit Apps erweitern. Lassen Sie uns nun die Art und Weise des Zustandekommens der Verbindung zum App-Store ein wenig genauer betrachten.

Beim Start Ihres Smartphones meldet sich dieses, gleich nach der korrekten Eingabe des vierstelligen PIN-Codes, bei Ihrem Netzbetreiber und erklärt Ihm, dass Sie der „Hans von der Margarethe" sind und Sie sich in der Nähe des Handymast XY befinden.

Durch diesen ersten Kontakt kann das Smartphone nun, neben dem Bereitschaftsdienst, ein Telefongespräch vermitteln oder Kurznachrichten in Textform (SMS) empfangen und/oder versenden.

Rufen Sie sich noch einmal die Rauchzeichen der amerikanischen Ureinwohner ins Gedächtnis. Eine sehr ähnliche Methode wird nicht nur innerhalb elektronischer Geräte zur Informationsweiterleitung, sondern eben auch geräteübergreifend eingesetzt.

Während in der Schifffahrt das Morsezeichenalphabet auch in Form von Lichtsignalen immer noch Anwendung findet, werden in der Telekommunikation nichtsichtbare „Lichtsignale", sogenannte Funkwellen, zur Übertragung von Informationen genutzt. Die geläufigste Art von Funkwelle, UKW (**U**ltra**k**urz**w**elle), kennen Sie von Ihrem Radio.

Handymasten älterer Generationen konnten trotz „primitiver" Entwicklungsstufe sogar einen spartanischen Zugang ins Internet vermitteln, welches im Vergleich zum

Telefonat und SMS einen weit höheren Informationsfluss hat. Da die angewandte Technik eher schlicht war und teilweise, besonders in abgelegenen Regionen, immer noch ist, ist eines der Hauptmerkmale dieser Verbindung ins Internet der unangenehm langsame Informationsaustausch. Eine derartige Verbindung macht sich an Ihrem Bildschirm durch eine äußerst gemächliche Anzeige der Internetseiten störend bemerkbar. Außerdem wird der Hörgenuss von Musik, genau wie das Sehvergnügen von Videos, getrübt. Aussetzer von Bild und Ton sind dann die Regel und nicht mehr nur die Ausnahme.

Wie können Sie dieses langsame Internet nun vermeiden?

„James, Zeit ist Geld! ... James! Fahren Sie langsam..., die Leute sollen sehen, dass ich Geld habe!"

Zurück zum Ernst, die Internetgeschwindigkeit, also die Geschwindigkeit womit Informationen von Ihrem Smartphone ins Internet, aber auch vom Internet zu Ihrem Smartphone gelangen, hängt von einigen Faktoren ab:

Erstens

Von der technologischen Entwicklungsstufe des Handymast und von dem Alter Ihres Mobiltelefon/Smartphones:

- dabei gilt je neuer und je „teurer", desto wahrscheinlicher kommt eine schnelle Internetverbindung zu Stande;

- für Musik- und Videoübertragungen benötigen Sie in der Praxis mindestens eine **HSDPA-Verbindung** (HSDPA steht für **H**igh **S**peed **D**ownlink **P**acket **A**ccess - wir wollen es einfach bei dem Ausdruck „**schnelleres Internet**" belassen);

- nach HSDPA kommt aktuell nur noch die **LTE-Verbindung** (**L**ong **T**erm **E**volution – zu Deutsch in etwa „langer Evolutionsabschnitt"); LTE ist aktuell nicht nur der teuerste Internettarif bei Smartphones bzw. generell bei Internet für unterwegs, sondern gegenwärtig auch die schnellste Art der mobilen Internetverbindung zum weltweiten Netz(werk); War HSDPA noch der „schnellere Internetzugang", so wollen wir **LTE** als den „**megasauschnellen Internetzugang**" betrachten – ideal für Video-Streaming in hoher (scharfer) Bildqualität;

- da beim Betrachten von Videos generell eine **Flut von Informationen** in Richtung Ihres Anzeigegeräts (Smartphone, Tablet, Computer oder auch TV-Gerät) übertragen werden muss, hat sich der Ausdruck Video-Streaming (sprich: Video-Strieming) eingebürgert; **ein „Stream"** ist im Englischen das Synonym für einen **Strom (das sehr breite Fließgewässer)**.

Zweitens

Von Ihrem Tarif:

- Geschwindigkeit ist weder bei Sportwagen noch bei Ihrem Netzbetreiber wirklich billig; die Faustregel ist sehr einfach – je höher Ihre monatliche Grundgebühr, desto wahrscheinlicher bekommen Sie von Ihrem Anbieter schnelles Internet zur Verfügung gestellt, sofern alle anderen Faktoren dies zulassen;

Drittens

Vom Inhalt:

- wie wir wissen benötigen Texte weitaus weniger Speicherplatz als Musik, Fotos oder gar Videos;

- im Umkehrschluss lässt sich feststellen, dass Dinge, die viel Platz bei der Archivierung benötigen, auch viel Platz beim Transport beanspruchen werden; diese Tatsache können Sie im Vergleich zweier Internetseiten, einmal mit Text allein und im anderen Fall inklusive Fotos und Videos, vor allem bei einer schlechten als auch langsamen Internetverbindung, an der unterschiedlichen Geschwindigkeit des Seitenaufbaus (der Seitenanzeige) erkennen.

  [Im Falle eines echten Buchs würden Sie die Seiten sehr langsam umblättern – können Sie dann sofort alles lesen oder müssen Sie warten bis der Vorgang des Umblätterns abgeschlossen ist?];

Viertens

Von der Anzahl der Auslieferungen (Seitenzugriffe):

- für heute Abend haben sich Onkel Johann und Tante Dörthe angekündigt; Tante Dörthe ist sich nicht sicher, ob sie nicht doch Notdienst leisten muss, dennoch haben Sie nach dem Motto „das kluge Eichhörnchen sorgt vor" zwei Sechserträger Bier, also insgesamt zwölf Flaschen Bier, im Kühlschrank eingelagert; bei drei Personen trifft es jedem vier Flaschen Bier; schafft es Tante Dörthe mitzukommen, dann bleiben jedem immerhin noch drei Flaschen Bier; daraus lässt sich ein Trend ableiten, der sowohl für Flaschen Bier, als auch für Ihre Internetverbindung gilt – je mehr Menschen auf dieselbe Internetseite surfen und von dieser Informationen anfordern, weil beispielsweise ein Markenunternehmen lustige Aktionstage mit 70% Rabatt anbietet, desto weniger Transportkapazität bleibt für den einzelnen Betrachter übrig;

- scheinbar wird Ihre Internetgeschwindigkeit mit der steigenden Anzahl der Internetseitenbesucher spürbar langsamer, obwohl Sie das beste Smartphone und den teuersten Tarif erstanden haben; der Anbieter der ausgelasteten Internetseite kann mit der Nachfrage einfach nicht Schritt halten; durch den Ansturm soll er dieselbe Menge an Information nicht mehr an zehntausend Empfänger gleichzeitig ausliefern, sondern auf Grund des Rabatts plötzlich an hunderttausend Empfänger – ein Ding der Unmöglichkeit, vor allem für kleinere Internetseitenbetreiber mit geringen Transportkapazitäten; erinnern Sie sich daran, dass Informationen „zerstückelt" in kleine Datenpakete über die Internetautobahnen versendet werden;

- als Beispiel wollen wir annehmen, dass unsere Internetseite in drei Datenpakete aufgeteilt und jedes Drittel einzeln versendet wird – durch einen unglaublichen Zufall greifen die zehntausend Seitenbesucher absolut gleichzeitig auf die Internetseite mit 70% Rabatt zu; dadurch wird vom Seitenbetreiber das erste Datenpaket gleichzeitig an zehntausend Kunden ausgeliefert, dann kann das zweite Datenpaket ausgeliefert und erst im Anschluss das dritte Datenpaket ausgeliefert werden; ein Zufall kommt selten allein, deshalb wollen wir annehmen, dass nun hunderttausend Nutzer absolut gleichzeitig dieselbe Seite aufrufen; das bereits erläuterte Spiel wiederholt sich; nur diesmal werden die Internetautobahnen überlastet sein - herzlich

Willkommen im Berufsverkehr! Daher dauert es nun länger bis mit der Auslieferung des zweiten Datenpakets und schließlich des dritten Datenpakets begonnen werden kann; der Effekt macht sich in einem langsamen Seitenaufbau (einer langsamen Seitenanzeige) bemerkbar;

Fünftens

Das verflixte Wetter:

- kündigt die Wettervorhersage, wie so oft, für morgen eine dreißig prozentige Sonnenwahrscheinlichkeit an, weil die Damen und Herren Meteorologen wieder einmal nicht die Courage hatten Ihnen reinen Wein, siebzig prozentige Regenwahrscheinlichkeit, einzuschenken, dann wissen Sie, dass es mit dem Wetter doch eine besondere Bedeutung auf sich haben muss; in unserem Beispiel ist das Wetter doppelt wichtig; einmal, weil wir einen Regenschirm benötigen werden und das andere Mal, weil wir davon ausgehen können, dass der Regen genau wie Schneefall oder stürmischer Wind unseren Informationsaustausch mit dem Handymast stören wird; auch hier haben Sie weder mit dem neuesten Smartphone, noch mit dem teuersten Tarif einen herausragenden Vorteil; den nächsten Wolkenbruch müssen Sie wohl oder übel mit etwas langsameren Internetzugang aussitzen; Sie können sich aber mit einer Vorstellung absonderlicher Art trösten – der Wolkenbruch ist für Sie nur ein Geduldsspiel und geht rasch vorüber, während er amerikanische Ureinwohner an den Rand der Verzweiflung treiben muss: eine schier unglaubliche

Menge an Information hängt am Firmament; wer das Alles wohl lesen soll?

Allen Einschränkungen zum Trotz haben wir nun einen groben Überblick bekommen wie sich unser Smartphone mit Hilfe der SIM-Karte mit dem Internet und/oder dem App-Store verbinden kann. Wozu braucht es noch eine weitere Verbindungsmöglichkeit zum Internet, ist doch alles tutti?

Die Aufgabe Ihres Smartphones besteht darin Sie mit der Welt zu vernetzen und dadurch reale Entfernungen aufzulösen. Ein Ausfall des Mobiltelefonnetzes oder ein Defekt Ihrer SIM-Karte käme einem Super-GAU gleich, weil Ihr Smartphone ohne alternative Verbindungsroute nicht in der Lage wäre seinem Herstellungszweck gerecht zu werden.

Daher gibt es auch zusätzlich eine sinnvolle Alternative zur SIM-Kartenverbindung, die gemeinhin unter dem Namen „W-LAN" bekannte Internetanbindung. Deren Abkürzung steht für „**Wireless-Local Area Network**".

Wie sich aus den Wörtern „Local Area Network" interpretieren lässt, ist dieses Netzwerk dazu da, für Sie eine Anbindung ins Internet zu schaffen, die sich auf den „örtlichen" (lokalen) Bereich, also den Umkreis von annähernd 100 Metern, beschränkt. Das Wörtchen **„Wireless"** ist der schlichte Hinweis auf eine **drahtlos** aufgebaute Internetverbindung. Wozu braucht es dann noch eine SIM-Karte, wenn doch W-LAN den gleichen Zweck erfüllt?

Der Unterschied liegt klar auf der Hand: Die SIM-Karte ist für die Internetanbindung mittels Ihres Tarifs verantwortlich. Dadurch „wandert" Ihre Internetanbindung mit Ihnen und Ihrem Smartphone innerhalb der Netzabdeckung von Handymast zu Handymast überallhin mit. Eine W-LAN-Verbindung baut hingegen eine lokale Verbindung zum Internet auf, die sich nur innerhalb eines Umkreises von maximal 100 Metern mit Ihnen bewegen kann.

W-LAN können Sie mit einer stinkenden Mülltonne vergleichen. In einem bestimmten Radius um die Tonne herum können Sie den abscheulichen Geruch des Abfalls wahrnehmen, während die Internetanbindung via SIM-Karte mehr wie ein Fehltritt in Hunde-Aa ist. Der Geruch bleibt am Schuh kleben und verfolgt Sie auf Schritt und Tritt!

Gibt es als Verbraucher einen Unterschied beim Internet zwischen W-LAN und SIM-Karte? Ich will es so formulieren – das Internet bleibt dasselbe, nur die Auffahrt zum Internet ist eine andere. Bei der einen Auffahrt bezahlen Sie via SIM-

Kartentarif Maut, die Sie mit Ihrem Netzbetreiber vereinbart haben. Im Falle eines Mobiltelefonvertrages ist dies die monatliche Grundgebühr für eine vordefinierte Auslieferungs**menge** – heutzutage ist diese nicht selten unbegrenzt, also ohne Limitierung. Bei der anderen Auffahrt via W-LAN ist eine Gebühr nicht zwangsweise fällig. Ob bei W-LAN Kosten anfallen oder die Auffahrt für Sie sogar vollständig gesperrt wurde, weil der „Zutritt" mit einem Passwort geschützt wurde, hängt vom W-LAN-Anbieter vor Ort ab.

Der W-LAN-Anbieter kann wiederum seine Internetauffahrt, entweder von einem Handymast in der Nähe oder im günstigeren, weil zuverlässigeren Fall über eine Kabelleitung aus der Telefonsteckdose beziehen (bei Kabelinternet gibt es keine Störungen durch das Wetter!).

Damit erklärt sich auch wer die Kosten für das Internet per W-LAN trägt. Sofern mit Ihnen nicht anderweitig vereinbart, stellt der W-LAN-Betreiber Ihnen seinen Internetzugang kostenfrei zur Verfügung oder er sperrt ihn mit Hilfe eines Passworts vor fremdem (unautorisiertem) Zugang. Ohne dieses, vom W-LAN-Betreiber frei wählbare Passwort können Sie trotz sehr gutem Empfang keine Verbindung zum Internet auf dessen Kosten herstellen. Es bleibt Ihnen daher nur die Nutzung Ihrer SIM-Karte oder die Suche nach einem alternativen „offenen" W-LAN-Anbieter. Ein derart geschütztes W-LAN können Sie anhand eines Schloss-Symbols beim angezeigten W-LAN-Namen erkennen.

Fehlt hingegen das Schloss-Symbol, können Sie dieses W-LAN durch Antippen mit Ihrem Finger als gewünschten Internetzugang auswählen. In diesem Fall haben Sie sozusagen einen Freibrief zum Gratis-Internet erhalten. Viele Einkaufszentren bieten mittlerweile einen derartigen „Service" kostenlos an. Die kostenfreie Nutzung eines offenen Internetzugangs ist prinzipiell eine feine Sache. Allerdings kommt hier der böse Onkel Datenschutz zum Familienfest und wird Ihnen einen ordentlichen Satz heiße Ohren verpassen! Denken Sie einmal scharf darüber nach warum Einkaufszentren so großzügig und nett zu Ihnen sein sollten?

Lassen Sie uns annehmen, dass wir erfolgreiche Holzhändler sind. Ein schöner Gedanke, nicht wahr? Der Zufall spielte uns direkt in die Hände und Glücksschweinchen, die wir nun mal sind, konnten wir durch eine äußerst seltene Gelegenheit alle Zufahrtsstraßen zu unserem einzigen Kunden, ein

Sägewerk am anderen Ende des Tals, kaufen. Welchen Vorteil sollten wir nun aus diesem glücklichen Zufall ziehen?

Wäre es ratsam von unserem einzigen Kunden eine Maut für die Benutzung unserer Straßen zu erheben? Damit könnten wir unseren Gewinn spürbar steigern und unsere Straßeninstandhaltungskosten senken. Allerdings würde dadurch auch die Kaufkraft des Sägewerks um den Betrag unserer Straßenmaut gesenkt werden! Irgendwann würde das Sägewerk trotz schwierigem Marktumfeld genug Kapitalreserven angespart haben und sich unserem finanziellen „Würgegriff" durch die Verlegung des Firmensitzes entziehen?

Bis zu diesem Zeitpunkt hätten wir gut verdient. Allerdings hätten wir unser Glück leichtsinnig aufs Spiel gesetzt, da wir nicht nur die Einnahmen aus dem Straßennutzungsrecht verlieren, sondern ohne Holzabnehmer auch vor dem Bankrott stehen würden.

Wie könnten wir dennoch gutes Geld aus dieser einzigartigen Gelegenheit schlagen? Manchmal ist weniger einfach mehr. Anstelle der Erhebung einer Straßenmaut, sollten wir die Instandhaltungskosten der Infrastruktur großzügiger Weise selbst schultern.

Damit wir abschätzen können wie hoch der finanzielle Aufwand für uns sein wird, sollten wir den Verkehrsfluss und die Fahrbahnschäden dokumentieren lassen. Bei dieser Gelegenheit könnten wir, ohne in den Verdacht einer böswilligen Absicht zu geraten, das Sägewerk überwachen. Die Überwachung würde wichtige Informationen über die Lieferanten des Sägewerks in unsere Hände spielen - wann Holz angeliefert wird und welche Holzarten in welcher Größenordnung vom Sägewerk aufgekauft werden.

Können Sie schon die Kassa klingeln hören? Da wir nun den Bedarf des Sägewerks sehr gut abschätzen und wir außerdem überschlagen können, welcher Konkurrent wann und wieviel Holz anliefern wird, können wir unsere Preise gewinnbringend an die jeweilige Situation anpassen.

Ist das Holzlager unserer Konkurrenten übervoll, werden wir unsere Preise senken. Dadurch reduzieren wir deren Gewinn und sichern uns wichtige Marktanteile. Aber wir werden unsere Preise wieder kräftig erhöhen, wenn die Holzlager unserer Konkurrenten fast leer sein werden. So können wir unseren Gewinn steigern und eventuelle Verluste, die durch den Preiskampf entstanden waren, wieder wettmachen! Mit dieser Strategie werden wir allmählich in der Lage sein unseren Konkurrenten wichtige Marktanteile abzuringen. Nebenbei werden wir unsere Geschäftsbeziehungen zum Sägewerk festigen. Vergessen Sie nicht, dass sich das

Sägewerk sehr über unsere Instandhaltungsbemühungen als auch über die kostenlose Infrastruktur freuen wird!

Einfach schlau, diese Einkaufszentren, finden Sie nicht auch?

Der Onlinehandel, darunter wird das Gewerbe verstanden, das seine Produkte über das Internet vertreibt, hat den lokalen Händlern das Leben richtig schwer gemacht. Im Vergleich zum traditionellen Handel fallen beim Onlinehandel keine überhöhten **Mieten** für Geschäftslokale in bester Lage an (1:0). Außerdem hat der Onlinehandel geringere **Personalkosten**, da mehrheitlich nur Personal für die Lagerung und den Versand benötigt wird. Dafür bedarf es keinerlei teurer Fachkräfte. Stattdessen sind teilweise *Dumpinglöhne und mangelhafter Arbeitnehmerschutz* vorherrschend (2:0)! Dennoch kommen selbst hier immer öfter Maschinen zum Einsatz und vernichten die vergleichsweisen teuren Arbeitsplätze. Zu allem Überfluss erreicht der Onlinehandel einen größeren **Kundenkreis** (3:0), wodurch mehr Ware umgesetzt werden kann, die wiederum in größeren **Stückzahlen** beim Produzenten günstiger eingekauft wird (4:0). In der Wettbewerbsschlacht zwischen Onlinehandel und regionalem Fachhandel steht es 4:0 für den Onlinehandel!

Gegen diese Art von Konkurrenz ist die liebe Tante Emma chancenlos. Solange „Geiz ist geil" regiert, werden Löhne und Arbeitsplätze weiterhin schrittweise reduziert werden. Geringere Löhne führen wiederum zu **preisbewussterem Kaufverhalten** (5:0). Dadurch gewinnt der Onlinehandel erneut. Es steht nun also bereits 5:0 für den Onlinehandel.

Sinkende Kaufkraft, schlechte Jobaussichten und wachsende Unsicherheit fördern soziale Spannungen. Stetig ansteigender Alkoholkonsum ist ein sehr gutes Warnsignal einer kränkelnden Gesellschaft. Reichlicher Alkoholgenuss enthemmt „die Genießer", wodurch auch in Ihrer Region die Gewaltbereitschaft unter Arbeitnehmern steigt bzw. im Laufe der Zeit ansteigen wird.

Die meisten Kunden wissen um den Preisvorteil des Internets und zücken im Fachhandel vor Ort ihr Smartphone zum Preisvergleich. Was für Konsumenten kurzfristig ein echter Segen ist, ist für manchen Einkaufstempel zum ernstzunehmenden Überlebenskampf geworden. Es darf also nicht verwundern, dass sich der lokale Handel gegen den eisigen Wind des Onlinegeschäfts mit allen Mitteln, wie unter anderem „gratis" W-LAN, zur Wehr setzen versucht.

Falls Sie nichts dagegen haben, dann würde ich sehr gerne noch ein paar Gedanken zu diesem Thema ergänzen?

Vorausgesetzt Ihr Portemonnaie wird nicht zur „Geldtasche aus Zwiebelleder" - jeder Blick treibt ein Tränenmeer hervor - und vorausgesetzt der Preisunterschied ist für Sie im verschmerzbaren Bereich, dann kaufen Sie doch bei Tante Emma (keine Einkaufstempel und kein Onlinehandel) ein. Die Preise sind nur auf den ersten Blick teurer als die der Konkurrenz aus dem Internet bzw. dem Einkaufszentrum.

Ähnlich wie bei unserem Beispiel vom Sägewerk müssen wir Konsumenten einen Schritt weiterdenken: Was nützt es uns, unserem Smartphone sei Dank, immer den günstigsten Preis für ein Produkt ergattert zu haben, wenn auf Dauer unsere Nachbarn reihum arbeitslos werden, die Kriminalitätsrate steigen wird und schlussendlich der Onlinehandel auf Grund seiner Monopolstellung in der Lage sein wird die Preise nicht mehr nach dem Produktwert, sondern nach eigenem Ermessen festlegen zu können?

In Europa haben wir einen beneidenswerten Reichtum angehäuft. Um diesen Wohlstand weiterhin erhalten zu können, müssen wir uns auf eine *Vernunftlösung* besinnen. Ein starker lokaler Handel bedeutet, dass wir unser Umfeld glücklich und gesund halten und vor allem bedeutet es, dass wir ein gewichtiges Wort bei der Qualität der Ware haben!

Günstige Internetpreise bringen kurzfristig Bares, sind aber langfristig von **ernstzunehmendem Nachteil.** Wir verlieren nicht nur schrittweise unsere Kaufkraft und in weiterer Folge unsere Arbeitsplätze, sondern wir verzichten auch freiwillig auf unseren Einfluss auf die Produktqualität (z.B. vorbildlich **strenge** Umwelt- und Lebensmittelauflagen innerhalb der D.A.CH.-Staaten). Beim Gedanken an China-Importe sollten Ihnen schnellst möglich alle Haare zu Berge stehen. Verweigern Ihre Haare den treuen Dienst, empfehle ich den Blick ins Internet. Stiftung Warentest, Konsumentenschutz und Co. warnen nicht, wie vielleicht irrtümlicherweise angenommen, nur aus politischen Gründen vor China-Importen.

Vor langer Zeit waren wir in der Lage unsere Regionen durch Importzölle effektiv zu schützen und gesund am Leben zu halten. Die Raffgier arbeitete jedoch an der Auflösung unseres Schutzes und schwächte sowohl unseren regionalen wirtschaftlichen als auch unseren politischen Einfluss! **In meinen Augen** wurden wir damals schlecht beraten, da unter dem Hausdach unserer „fortschrittlichen" Gesellschaft ein Schwelbrand ausgebrochen zu sein scheint, der weiterhin *„unbemerkt"* vor sich hin kokeln darf – eine leichte Brise wird genügen, um einen Feuersturm vom Zaun zu brechen!

Das geplante Freihandelsabkommen TTIP (Transatlantic Trade and Investment Partnership – zu Deutsch

„transatlantische Handels- und Investitionspartnerschaft") zwischen der EU und den U.S.A. wird der erste Vorgeschmack auf ein verlorenes Mitspracherecht sein. Die Mehrheit der Bürger ist bereits jetzt gegen dieses Abkommen (spiegel.de/faz.net/profil.at/usw. berichten seit über einem Jahr über die massiv ablehnende Haltung innerhalb der europäischen Bevölkerung). Interessanterweise wird zwischen den Parteien weiterhin verhandelt, woraus sich bitterböses erahnen lässt – *gegen unseren Willen werden Lobbyisten und Politiker uns vermutlich ein Abkommen aufzwingen, welches nach Inkrafttreten in Europa den Abbau von Sozialleistungen beschleunigen wird, damit, so wird man uns glaubhaft machen wollen, unsere Arbeitnehmer gegenüber den amerikanischen Arbeitnehmern weiterhin wettbewerbsfähig bleiben werden* **(es handelt sich hierbei ausschließlich um meine persönliche Ansicht gegenwärtiger Entwicklungen!).** Wie ernst es den *Demokratiediktatoren* mit dem Freihandelsabkommen tatsächlich ist, können Sie daran erkennen, dass U.S. Präsident Barak Obama gegen massiven Widerstand ein Sozialversicherungssystem in den U.S.A. eingeführt hat, *um vermutlich prophylaktisch einer Abwanderung amerikanischer Arbeitskräfte nach Europa entgegen zu wirken und beide Arbeitsmärkte stärker anzugleichen* **(ebenfalls meine persönliche Sicht der Dinge).** An dieser sozialen Errungenschaft für die amerikanischen Bürger/-innen gibt es grundsätzlich nichts auszusetzen. Allerdings stößt bei mir der Zeitpunkt der Einführung des amerikanischen Sozialversicherungssystems sauer auf. Dieser hatte sich sehr suspekt mit den Verhandlungen zu TTIP überschnitten. Namhafte Medienhäuser gehen sogar einen Schritt weiter und bezeichnen Verhandlungsmisserfolge als „persönliche Rückschläge für Präsident Obama". So geschehen als das U.S. Repräsentantenhaus mit 302 Gegenstimmen bei nur 126 Fürstimmen eine Entschädigung von berufstätigen Amerikanern/-innen, die ihren Job durch das Freihandelsabkommen verlieren könnten, ablehnte.

Nun, was glauben Sie? Wer **gegen alle Widerstände derart viel Energie** in seine Vorbereitungen steckt, tut dies doch nicht, weil er in Risikolaune ist und alles auf eine Karte setzen will?!

Ich will's offen gesagt haben, **in meinen Augen** ist TTIP mehr oder weniger „*bereits*" beschlossene Sache! (Stand: Mitte 2015) Sollte sich abzeichnen, dass die Mehrheit der Bürger/-innen sich für ein Inkrafttreten von TTIP aussprechen würde, dann wird natürlich zur Wahlurne gebeten werden.

Ist die Mehrheit jedoch weiterhin gegen eine amerikanisch-europäische Freihandelszone, dann werden wir einmal mehr die *Demokratiediktatur* (wie 2003 beim Irakkrieg und dem damit verbundenen Verstoß von Artikel 2 des Völkerrechts, der Präventivkriege ausnahmslos verbietet) in Aktion erleben dürfen. Geben Sie nicht den anderen die Schuld. Mit Ihrem Konsumverhalten können Sie sehr wohl ohne großen Aufwand aktiv an der Politik teilnehmen und Ihrem Unmut gegenüber suspekten Machenschaften eine gewichtige Stimme geben. Mittlerweile kaufen Sie nicht mehr nur ein Produkt, sondern Sie investieren auch in Ihr Recht auf eine gesicherte Zukunft!

Der Preisdruck hat den lokalen Handel über Jahre hinweg massiv bedrängt und Einkommen indirekt über eine gesunkene Kaufkraft geschwächt. Wir haben freiwillig unser Mitspracherecht und unseren politischen Einfluss für ein paar Euro Ersparnis verschleudert... dafür stehen wir nun mit dem Rücken zur Wand!

Bauer Erich, Bäcker Müller und Tante Emma leben noch, aber Sie müssen diesen Menschen Ihr Interesse an deren Wohlergehen zeigen. Deren Wohlergehen bedeutet auch Ihr Wohlergehen – Ihre „Nachbarn" werden Ihnen ein Leben lang dankbar für Ihre Treue in schwierigen Zeiten sein. Das werden Sie hautnah am täglich freundlichen Begrüßungslächeln zu spüren bekommen, darauf wette ich!

Ermutigen Sie in Ihrem Umfeld deshalb jeden sich eine eigene Existenz aufzubauen und unterstützen Sie diese nicht nur mit *leeren* Worten, sondern auch mit Ihrer Kaufkraft. Kaufen Sie ausschließlich beim Nachbarn Ihres Vertrauens. Dadurch fließt das Geld nicht aus Ihrer Region ab und steht wiederum für Sozialleistungen **IN IHRER REGION** zur Verfügung. Sorgen Sie dafür, dass die nachfolgenden Generationen den Wert Ihres Handelns begreifen und ihrerseits selbst wieder weitergeben werden.

Ich allein kann auf politischer Ebene nichts gegen TTIP unternehmen. Eines kann ich allerdings selbst nach Inkrafttreten des TTIP-Abkommens tun: Ich kann mit meinem Konsumverhalten der *Demokratiediktatur* Gott zum Gruße und Götz zur Buße bestellen, denn ich kaufe in Zukunft, soweit es realisierbar ist, nur noch **lokale Erzeugnisse** von lokalen **Familienbetrieben**.

Von guten Freunden kaufen,

mit guten Freunden saufen,

die Heimat tüchtig stärken und

selbst glücklich werken!

Bluetooth

Über die kostenfreien Dienste von König Blauzahn haben wir bereits einige Worte gewechselt. Der Vollständigkeit verpflichtet möchte ich ein paar weitere Worte ergänzen.

Die ersten Mobiltelefone, also lange vor den ersten Smartphones, hatten weder eine Kamerafunktion, noch unterstützten Sie das Mitführen persönlicher Musikstücke. Die meisten Konsumenten, vor allem private Mobiltelefonbesitzer, waren damit irgendwie auch zufrieden.

Mobiltelefonbesitzer, die ihre Kontakte mit anderen tauschen wollten, waren damals noch gezwungen Namen und Telefonnummern zu diktieren. Das muss sehr lästig gewesen sein, vor allem, wenn mehrere Kontakte zu tauschen waren. Das Damoklesschwert eines unangenehmen Tippfehlers schwebte „bedrohlich" über dem abgeschriebenen Kontakt. Diese Tippfehler waren in jenen Fällen besonders ärgerlich in denen der getauschte Kontakt mühevoll vom „angeheiterten" Gesprächspartner abgerungen wurde. Die Antwort der Industrie auf dieses Problem ließ nicht lange auf sich warten, denn auf das Trinken wollte niemand verzichten.

Die *ersten* Gehversuche in diesem Bereich machte die Industrie mit der kabellosen Infrarot-Verbindung. Infrarot dürften Sie bereits von Infrarot-Wärmelampen zur *Lockerung* verspannter Muskulatur oder auch von der Fernbedienung Ihres Fernsehers kennen.

Die meisten Fernbedienungen haben an ihrer Front einen gut sichtbaren „Infrarotnippel". Bei manchen ist dieser auch unter einer dunklen Plastikblende versteckt.

Allen Geräten ist die Übertragung von Information (Wärmelampe-Wärme; Fernbedienung-Schaltsignale) durch das Medium Luft gemein. Alle leiden unter dem Nachteil, dass energiearmes infrarotes Licht einerseits nur wenig Information übertragen kann und andererseits sich leicht „abschirmen" lässt. Entfernen Sie sich ruhig einmal ein paar Zentimeter von Ihrer Infrarot-Wärmelampe und achten Sie darauf wie schnell das Wärmegefühl mit zunehmender Distanz geringer wird. Oder verdecken Sie mit Ihrer Hand den Infrarotnippel Ihrer Fernbedienung und versuchen Sie dann den TV-Sender zu wechseln. Bei manch einer Fernbedienung genügt es, wenn kein direkter Blickkontakt zum Fernsehapparat besteht, um die Funktionalität der Fernbedienung einzuschränken. Warum ist das so?

Licht aus dem Infrarotbereich erscheint nicht nur in roter Farbe, sondern zählt auch zu den langwelligen energiearmen Spektrallichtern (darunter wird die „Gesamtheit" aller unterschiedlichen Erscheinungen des Lichts verstanden –

beispielsweise ist ein Regenbogen die Auffächerung des sichtbaren Lichtspektrums). Wie das zu verstehen ist, will ich Ihnen an Hand eines Beispiels erklären.

Kennen Sie noch das Kinderspielzeug, das wie ein Tischtennisschläger aussah und an dessen Schlagfläche ein Ball mit einer Schnur verbunden war? Ich weiß, die Kinder von heute schütteln ab solch einem „batterielosen" Spielzeug verständnislos Ihren Kopf. Jedenfalls war in meiner Jugend derartiges Spielzeug, gleich nach „Dreck", eines der aufregendsten Dinge, die man im Zeitalter der Festnetztelefonie erleben konnte. Ich erzähle Ihnen davon, weil Sie sich folgende zwei Situationen vorstellen sollen.

Erstens flüchtet mein geliebtes Brüderlein vor mir, weil ich ihm mit einem Schläger, an dem ein Ball an einer kurzen Schnur befestigt ist, hinterhereile. Zuvor hatte ich meinem Bruder liebevoll zu verstehen gegeben, dass ich ihm mit dem Ball eine ordentliche Abreibung verpassen werde, wenn er nicht aufhören wird so dämlich ins Leere zu grinsen.

Zweitens, stellen Sie sich dieselbe Situation nochmals vor. Diesmal wollen wir aber den Ball an einer längeren Schnur befestigt haben.

Jetzt gilt es die grauen Zellen zu aktivieren und sich zu überlegen wie es denn damals war. Was glauben Sie, in welchem Fall hatte mein Bruder größere Angst? Flüchtete er schneller vor dem Ball an der kürzeren Schnur oder von dem an der längeren Schnur? In welcher Situation konnte ich ihm sein dämliches Grinsen schmerzhafter (öfter) aus seinem Gesicht verhandeln?

Richtig! Die lange Schnur bereitete geringere Schmerzen, dafür konnte ich meinen Bruder aus größerer Entfernung erwischen. Sobald er ums Eck verschwunden war oder ein Hindernis zwischen uns auftauchte, nützte mir die lange Schnur aber auch nichts mehr. So ist es auch mit Infrarotlicht. Die langen Infrarotwellen sind energieärmer und übertragen weniger Information als zum Beispiel UV-Licht, das blau und kurzwellig ist.

In unserem Vergleich können Sie sich dies in etwa so vorstellen: bis der Ball an der langen Schnur meinen Bruder einmal getroffen hatte, zu mir zurückkam und ich daraufhin wieder mit meinem Bruder „verhandeln" konnte, konnte ich im gleichen Zeitraum mit der kürzeren Schnur zwei bis drei Mal, manchmal sogar viermal mit meinem Bruder feinfühlige diplomatische Beziehungen pflegen.

Solange nur Kontakte und Telefonnummern übertragen wurden, war Infrarot eine zufriedenstellende Lösung. Aber wie wir wissen brauchen Fotos und Videos mehr Speicherplatz und nehmen dementsprechend auch deutlich mehr Platz zur Übertragung in Anspruch. Mit den ersten Fotohandys wurde eine Infrarotübertragung relativ rasch zum Geduldsspiel, sodass eine neue Form der Übertragung entwickelt werden musste. Nach ein paar (frei erfundenen) Cocktailabenden kam die nach König Blauzahn benannte Bluetooth-Übertragung auf den Markt, die bis heute in ihren weiterentwickelten Versionen (Varianten) den technischen Herausforderungen trotzt.

Waren die ersten Bluetooth-Versionen noch sehr energiehungrig und führten zur raschen Entleerung des Akkus, so sind die neuesten Entwicklungen deutlich sparsamer geworden.

Auch die Geschwindigkeit bei der Informationsübertragung wurde deutlich verbessert, sodass Bluetooth bei der Übertragung von schärferen bzw. größeren Fotoformaten als auch von Videos den gestiegenen Transportansprüchen gerecht werden konnte.

Achtung Kamera

Mit der Ausnahme von Handys im Wert von 10,- bis 30,- Euro finden Sie inzwischen bei jedem Mobiltelefon eine Kamerafunktion vor. Die Bildqualität der damit aufgenommenen Fotos und Videos lässt sich zum Teil sehr treffsicher über den Preis des Mobiltelefons erahnen.

Fast alle Smartphones sind, im Gegensatz zu den meisten Mobiltelefonen mit einem Tastenfeld, bereits mit zwei Kameras ausgestattet, manche sogar schon mit drei. Wozu der ganze Kamerawahn, würde nicht eine einzige Kamera vollkommen ausreichen?

In der Tat wäre mit großer Wahrscheinlichkeit eine Kamera für die meisten Konsumenten ausreichend, da Sie diese ohnehin nur bei seltenen Gelegenheiten verwenden. Die Gründe für das geringe Interesse an Mobiltelefonkameras können nicht unterschiedlicherer Art sein. Manche fotografieren schlichtweg nicht gern, andere hingegen sind echte Fotoliebhaber und besitzen eine Hobbyfotografenausrüstung im Wert von ein paar hundert bis ein paar tausend Euro. Diese Konsumenten sind verständlicherweise nicht gerade glücklich, wenn Sie eine Mobiltelefonkamera mit vergleichsweise bescheidener

Bildqualität verwenden müssen und versuchen es in den meisten Fällen auch gar nicht. Obwohl die Qualität der Smartphone-Kameras über die Jahre deutlich gestiegen und konkurrenzfähiger geworden ist, verlieren Sie immer noch jeden Vergleich gegen wertige Fotoapparate. Allerdings sind Smartphone-Kameras in einem Punkt absolut unschlagbar – sie sind in der Regel immer griffbereit. Einen Fotoapparat lässt man gerne mal zu Hause liegen, das Smartphone normalerweise nie!

Über die Jahre hat sich ein weiterer Vorteil der Smartphone-Kameras herauskristallisiert, der zu Beginn deren Entwicklungsära nicht wirklich absehbar war. Mit dem Siegeszug sozialer Netzwerke stieg auch sprungartig die Nachfrage nach guter (digitaler) Fotoqualität an.

Der Name „Soziale Netzwerke" kombiniert zwei einzelne Begriffe für die seine Hauptmerkmale Pate stehen. Es ist so ähnlich wie bei dem Begriff Kindergarten, dessen Wortursprung veranschaulicht, dass es einen Ort für Kinder gab, an dem sie im Garten spielen konnten. Im Fall sozialer Netzwerke ist es nicht viel anders.

Früher hatte man sich zu einem Treffen bei einem seiner Freunde oder an einem öffentlichen Ort wie beispielsweise in einem Einkaufszentrum verabredet. Speziell in den größeren Städten verabreden sich Jugendliche auch heute noch sehr häufig zu Treffen in Einkaufszentren. Unter Freunden erfährt man einen Austausch von Gedanken und Neuigkeiten, erlebt Unterhaltung und Anerkennung; gemeinsam lässt sich das Leben einfach entspannter genießen.

Damals wie heute ist diese Art des sozialen Umgangs für schüchterne Menschen besonders herausfordernd. Sie bleiben meist auf der Strecke, da es ihnen schwer fällt Anschluss an eine Gruppe zu finden, in der sie ihr schüchternes Wesen ablegen können.

Aus so einer Not hat ein schüchterner amerikanischer Computerliebhaber, so will es zumindest die offizielle Erzählweise, vor über zehn Jahren damit begonnen einen Ort im Internet zu schaffen, an dem sich jeder im Schutz der scheinbaren Internetanonymität treffen und kennenlernen konnte. Alles was dazu nötig war, war ein Internetanschluss und die Bereitschaft sich kostenlos zu registrieren. Durch die Registrierung wurde ein Profil, eine Art Steckbrief, von einem selbst angelegt (im Internet archiviert/umgangssprachlich ist die Rede von: es wurde „Online gestellt"). Das Profil war deshalb wichtig, weil über die hauseigene Suchmaschine der Firma „Facebook" nun Facebook-Profile auf Basis gemeinsamer Interessen und

Hobbies gefiltert und durchstöbert werden konnten. Sie ahnen bereits worauf das hinausläuft, oder?

Aus dem jungen schüchternen Amerikaner wurde praktisch über Nacht ein milliardenschwerer Geschäftsmann, da ihm etwas gelungen war, wovon die Stasi in beinahe 40 Jahren DDR bis zu ihrer Auflösung nur träumen konnte: Menschen gaben freiwillig persönliche, auch intime Informationen Preis und teilten zum Teil in Echtzeit, also „in absoluter Aktualität", ihren Alltag und ihre Wünsche mit der Facebook-Gemeinschaft. Nicht nur Geheimdienste wurden bei derlei Entwicklungen hellhörig, auch Konzerne sprangen früh auf diesen Zug mit auf, weil sie von nun an ihre Werbung gezielt an potentielle Kunden versenden konnten.

Da über Facebook alle irgendwie miteinander verbunden waren, teilten Markenfans ihre (Vor)-Freude über Produktankündigungen als auch Neuvorstellungen mit ihrem Freundeskreis.

Ich habe da so ein seltsames Geräusch im Ohr, Sie auch?
Vor dem Verkaufsstart Empfehlungen für neue Produkte,
noch dazu von guten Freunden, Ka-tsching!

Durch diese gesellschaftlichen Umwälzungen erkannten die Smartphone-Hersteller relativ früh, dass es zahlreiche selbstverliebte Menschen gab, die ihrem Selbstdarstellungswahn in den sozialen Netzwerken freien Lauf ließen. Vermutlich geht ein Gutteil der Kameraverbesserungen am Mobiltelefon auf deren Konto, da diese Konsumenten hohe Ansprüche an die Qualität ihrer Fotos haben. Dafür geben sie gerne ein paar Euro mehr aus! Dieser egozentrische Liebestaumel kennt bis dato noch keine echten Grenzen. Unter dem Schlagwort „Selfies", welches die Kurzform des englischen Ausdrucks „Selfportrait" (zu Deutsch - Selbstportrait) ist, hat dieser Personenkult sogar schon Einzug in den alltäglichen Sprachgebrauch gefunden.

Nun denn, zurück zu unserer anfänglichen Frage, wozu braucht es drei Kameras am Mobiltelefon?

Eine Kamera finden Sie vorne am oberen Rand des Berührungsbildschirms. Klein, rund und unscheinbar erfüllt diese hauptsächlich zwei, drei Aufgaben. Erstens kann ich mich beim „Selfie" schießen selbst auf dem Bildschirm betrachten. Daher gelingen „perfekte" Fotos von meinem ach so berühmten und für die Welt ausnahmslos unverzichtbaren Antlitz.

Zweitens, und hier wandelt sich der Spaß erstmals in einen echten Nutzen, sind manche Familien voneinander räumlich getrennt. Geschäftsmänner/-frauen können ein wenig Trost und Anteil am Familienleben finden, in dem sie über diese sogenannte „Frontkamera" ein in Echtzeit übermitteltes Videogespräch mit ihren Liebsten führen können. In manchen Fällen können sogar Geschäftsreisen komplett überflüssig werden, der Videotelefonie sei Dank. Das spart den Unternehmen Zeit, Geld und schont noch dazu die Umwelt. Ganz klar die Frontkamera hat ihre Berechtigung!

Außerdem können Sie die Frontkamera notfalls auch als Spiegel einsetzen. Sitzt die Frisur noch oder ist das Makeup durch die Freudentränen komplett ruiniert? Im Gegensatz zur Hauptkamera, die sich auf dem Smartphone-Rücken befindet und diesbezüglich nur unbefriedigende Ergebnisse liefern würde, punktet die Frontkamera hier auf ganzer Linie.

Die Hauptkamera verdient ihren Namen, weil sie im Vergleich zu den anderen Kameras an Ihrem Smartphone aus den hochwertigeren Materialien besteht. Echte Kamerahandys, also Smartphones, die auf den Kundenkreis der Hobbyfotografen abzielen, heben sich nicht selten durch einen eigenen Auslöseknopf von der Menge der Angebote ab. Diesen finden Sie hauptsächlich unten rechts. Damit stellen die Hersteller sicher, dass sie bei

Landschaftsaufnahmen, bei denen Fotografen ihr Smartphone bevorzugt im Querformat halten, den Kameraknopf mit ihrer rechten Hand, weil die meisten Menschen Rechtshänder sind, auslösen können. Wie bei einem Fotoapparat hat auch hier die simple Regel, halb durchdrücken für die korrekte Bildschärfe und ganz durchdrücken zum Auslösen der Kamera, Gültigkeit.

Den Sinn und Nutzen von zwei Kameras am Mobiltelefon haben wir also aufgeklärt, wozu aber noch eine dritte Kamera?

Stellen Sie sich vor, dass auch ich einmal ein netter Mensch sein könnte und Sie auf Kaffee und Kuchen zu mir nach Hause einlade. Da wir uns anscheinend gut verstehen, entwickelt sich daraus schnell eine Art Tradition – Samstagnachmittag, bei mir, auf Kaffee und Kuchen. Was sich anfangs toll anhört, kann schnell an Schwung verlieren, wenn ich Ihnen jeden (gottverdammten) Samstagnachmittag denselben Kuchen auftische. Kennen Sie das, irgendwann hängt einem der Alltag einfach nur noch zum Hals raus und Sie buchen spontan Ihren nächsten Urlaub?

Im Laufe der Zeit kann sich dieses Gefühl auch bei Ihrem Smartphone einstellen. Was Sie anfangs heiß und innig liebten, verwandelt sich irgendwann zur bedeutungslosen Selbstverständlichkeit. Dann ist der Zeitpunkt für Sie gekommen mich am Arbeitsplatz zu besuchen und mich nach den neuesten Modellen auszuquetschen.

Eigentlich würden Sie sehr gerne mit einem neuen Smartphone nach Hause „eilen", aber im Laufe des Verkaufsgesprächs muss ich zu meinem Bedauern feststellen, dass ich Ihnen nichts anbieten kann, dass sich gravierend von Ihrem bisherigen Smartphone abhebt. In diesem Fall wären drei Geschäftspartner sehr unglücklich. Zunächst sind da Sie selbst. Sie sind zu mir gekommen, damit ich Ihnen dabei helfe Ihr Unglück wieder in ein Glücksgefühl zu verwandeln. Als nächstes wäre auch ich unglücklich, da ich Ihrer Forderung nicht nachkommen konnte und sehr wahrscheinlich einen Kunden verlieren werde. Zu guter Letzt wären auch die Smartphone-Hersteller sehr unglücklich, denn auch diese haben an so einem Tag verloren.

Wir haben nun drei sehr gute Gründe gefunden warum ein Smartphone dringend eine dritte Kamera braucht! So eine dritte Kamera ist, falls sie tatsächlich mit ausgeliefert wird, in der Nähe der Hauptkamera auffindbar, weil ihre Funktion dies so vorsieht. Mittlerweile werden vereinzelt Smartphone-Modelle angeboten, die in der Lage sind 3D-Fotos zu schießen.

Was kann man sich darunter vorstellen?

Ein Blatt Papier besteht aus den beiden Dimensionen Höhe und Breite. Im Gegensatz zu einem Möbelstück gibt es bei einem Blatt Papier, wenn wir es nicht penibel betrachten wollen, keine Tiefe. Die dritte Dimension (3D) bekommen Gegenstände durch ihre Tiefe. Aus diesem Grund haben wir Menschen auch zwei Augen.

Zwei Augen haben den Vorteil, dass Sie auf einem Auge blind sein können und dennoch nicht in völliger Dunkelheit leben müssen - die geistige Umnachtung wollen wir dabei außen vorlassen und nicht berücksichtigen! Außerdem haben zwei Augen, deren Lage zueinander leicht versetzt ist, den Vorteil, dass Sie ein Objekt aus unterschiedlichen Perspektiven betrachten können. Der Effekt, der dabei entsteht, ist vergleichbar mit einem frontalen Blick auf ein Haus. Stehen Sie direkt vor dem Haus, dann sehen Sie nur eine große Fläche. Bewegen Sie sich ein wenig seitwärts, dann entdecken Sie, dass die Hauswand nicht nur aus einer Fläche besteht, sondern nur die vorderste Seite eines Objekts ist, das aus mehreren Flächen besteht (Vorder- und Rückwand, als auch Seitenwände).

Herzlichen Glückwunsch, Sie wissen nun in Grundzügen wie räumliches Sehen entsteht und warum eine Hauptkamera in manchen Fällen eine Hilfskamera zur Seite gestellt bekommen hat.

Was Sie jetzt noch zum Thema Handyfotografie wissen müssen, lässt sich relativ leicht erklären. Zwischen der traditionellen Methode der Fotografie und der modernen digitalen gibt es einen wichtigen Unterschied. Es ist dies die Art und Weise wie der erinnerungswürdige Moment festgehalten wird. Früher wurden lichtempfindliche Filmrollen, die bestenfalls für 36 Aufnahmen ausreichten, verwendet. Sie erinnern sich doch noch an die sperrigen Filmrollen?

In der Digitalfotografie gibt es keine Filmrollen mehr, stattdessen gibt es einen Foto-Chip (sprich: foto-tschip). Sie können sich diesen wie eine aufgeheizte Asphaltstraße an einem heißen Sommertag vorstellen. Die ersten Regentropfen, die auf den Asphalt fallen, verdunsten nahezu sofort. Erst, wenn das Nieseln in einen Platzregen übergeht bleibt die Straße nass. Eine halbe Stunde nach dem sommerlichen Regenschauer sieht die Straße wieder wie zuvor aus - als hätte es nie geregnet.

Ein ähnliches Verhalten zeigt der Foto-Chip beim Auftreffen eines Lichtstrahls, da der Chip die Lichtenergie „einfängt", ja regelrecht in sich aufnimmt. Unter Zuhilfenahme eines Rasters, das vergleichbar mit einem karierten Blatt Papier ist, kann man sogar feststellen wo genau das Licht den Chip getroffen hat. Wie das genau funktioniert haben Sie selbst schon einmal am eigenen Leib erlebt. Bei einem Sonnenbrand *„ verbrennt "* die Energie des Sonnenlichts Ihre Haut. Die Kleidung übernimmt dabei die Rolle des Rasters. Wo ein Kleidungsstück Ihre Haut vor der Sonne schützte, war kein oder, im Vergleich zu den ungeschützten Stellen, nur ein sehr schwacher Sonnenbrand entstanden.

Nachdem der Lichtstrahl den Chip nicht mehr belichtet (der Vorgang des Fotografierens ist abgeschlossen), reagiert der Foto-Chip auf die gleiche Art und Weise wie unsere heiße Asphaltstraße bei Nieselregen. Es ist fast so als wäre nie etwas passiert und der Chip ist bereit für die nächste Aufnahme.

Woher weiß der Chip, welche Farbe das Licht hat? Dieses Problem lösten die Ingenieure, indem sie das Raster des Chips so gestalteten, dass es in regelmäßigen Abständen auf Licht unterschiedlich empfindlich reagiert. Die eine Stelle benötigt mehr Lichtenergie, die andere weniger, um einen „Lichtstrahl" erkennen zu können.

Wir wollen uns meinen armen Bruder nochmal ins Gedächtnis rufen. Infrarotes Licht war wie der Ball an der langen Schnur. Der Ball an dieser Schnur war für meinen Bruder weitaus weniger schmerzhaft als der Ball an der kurzen Schnur, welcher dem UV-Licht entsprechen würde. Das UV-Licht ist blau und jener Teil des Sonnenlichts, der

Ihren Sonnenbrand so schmerzhaft macht. An der kurzen Schnur kann der Ball innerhalb desselben Zeitraums weitaus öfter pendeln als der Ball an der langen Schnur. Es steckt also mehr nutzbare Energie in der Konstellation des Balls mit der kurzen Schnur.

Ein Foto-Chip kann diese Unterschiede in der Lichtenergie wahrnehmen. Da Infrarot, also rotes Licht, wenig Energie und blaues Licht viel Energie übermittelt, können wir ein Raster mit Farbzonen anlegen. Die Rastergröße bestimmt dabei die Bildschärfe. Je mehr Rasterpunkte ich auf eine vordefinierte Fläche packen kann, desto feiner werden die Abstufungen im Bild und desto gefühlt schärfer wird das Endergebnis werden. Allerdings gibt es auch hier Kritikpunkte, die ich Ihnen aus didaktischen Gründen ersparen will (weniger ist manchmal mehr).

So ein Rasterpunkt wird im technischen Sprachgebrauch mit dem Ausdruck Pixel umschrieben. Den Ausdruck Megapixel haben Sie sicher schon einmal aus der Werbung oder von jemandem aus Ihrem Bekanntenkreis gehört. Ein Megapixel entspricht einer Million Bildpunkte. Die meisten Smartphones haben Kameras mit 5 bis 8 bzw. die teuersten Modelle zwischen 20 und sogar 41 Megapixeln. Dem Durchschnittsanwender sollten 8 Megapixel mehr als genug sein. Wer allerdings seine Bilder gerne nachbearbeitet und zum Beispiel nur einen Bildausschnitt eines Fotos behalten will, der sollte in Richtung 20 Megapixel oder sogar 41 Megapixel schielen.

20 Millionen bzw. 41 Millionen Bildpunkte geben Ihnen die nötige Freiheit einen Bildausschnitt ohne störenden Schärfeverlust zu vergrößern und daraus ein eigenes Foto zu gestalten. Nehmen Sie ruhig Ihr Smartphone zur Hand und werfen Sie einen Blick auf dessen Rückseite. Innerhalb der winzigen Öffnung Ihrer Hauptkamera befindet sich die Aufnahmefläche des Fotochips. Haben Sie ein Smartphone mit einer 8 Megapixel-Kamera gekauft, dann ist dort ein Chip mit 8 Millionen Bildpunkten zu sehen – einfach unglaublich!

Auf dem Smartphone-Bildschirm lassen sich manche Inhalte, zum Beispiel eigene Fotoaufnahmen bzw. generell Bilder, aber auch der Inhalt von Internetseiten, für ein angenehmeres Leseerlebnis, vorübergehend vergrößern als auch verkleinern.

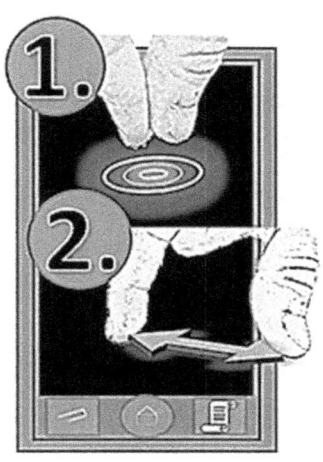

Für das Vergrößern müssen Sie nur die beiden oben dargestellten Schritte befolgen. Im Anschluss finden Sie die Bewegungsabläufe zusätzlich in Worten erklärt:

1. Legen Sie Ihren *Daumen und Zeigefinger auf das „Glas" des Touchscreens* und lassen Sie Ihre Finger bis zum zweiten Schritt auf dem Bildschirm liegen.

2. Nun wollen wir *die beiden Finger auseinanderziehen.* Dabei dürfen wir zu keinem Zeitpunkt den Kontakt zum Glas verlieren. Nehmen Sie Ihre Finger erst vom Bildschirm, wenn Sie die gewünschte Vergrößerung erreicht haben.

Haben Sie versehentlich zu stark vergrößert?

Falls Sie immer noch den Bildschirm berühren, können Sie die auseinandergezogenen Finger wieder zusammenführen bis Sie die gewünschte Verkleinerung erreicht haben.

Generell gilt, zum Verkleinern gehen Sie in umgekehrter Reihenfolge vor. Das heißt, Sie fangen mit Schritt 2 an und führen Ihre Finger zusammen. Nehmen Sie erst bei Schritt 1 den Daumen und Zeigefinger vom Bildschirm.

Was lässt sich vergrößern und was nicht?

In der Regel lassen sich Inhalte, die im Microsoft Edge-Browser, Safari-Browser oder Google-Chrome-Browser angezeigt werden, vergrößern als auch verkleinern – außer Sie lassen die aufgerufenen Internetseiten als *Mobiltelefonvariante* „aufbereiten". Im Gegensatz zur *Desktopvariante*, die der Seitendarstellung Ihres PC oder auch Ihres Tablets entspricht, werden bei der Mobiltelefonvariante Schriftzüge vergrößert dargestellt und „optischer Schnickschnack" auf ein Minimum reduziert. Welche Variante von Ihrem Browser (Microsoft Edge-Browser, Safari-Browser oder Google-Chrome-Browser…) angezeigt wird, können Sie in dessen Einstellungen nachsehen und ändern.

Auch Fotos aus Ihrem Fotoordner, in dem Ihre Fotos zunächst in einer aus „kleinformatigen" Bildern bestehenden Übersicht angezeigt werden, lassen sich in Ihrer dargestellten Vergrößerung verändern. Allerdings können Sie die Fotos innerhalb der Foto**übersicht** Ihres Fotoordners **nicht vergrößern**, da es für Ihr Smartphone mit zuvor vorgestellter Methode schwer wäre das richtige Foto zuverlässig zu identifizieren. Aus diesem Grund müssen Sie zunächst das

Foto, das Sie gerne vergrößert betrachten wollen, antippen, sodass es am Bildschirm **als einziges Foto** angezeigt wird. Im Anschluss können Sie es nach Belieben vergrößern und verkleinern.

Videoaufnahmen lassen sich leider nur während des Aufzeichnungsverfahrens (auf Englisch: „recording" – sprich: rekording) in ihrer Vergrößerungsstufe manipulieren. Danach benötigen Sie „professionelle" Programme und einen Lehrer, der Ihnen zeigt wie Sie diese Programme sinnvoll einsetzen können.

Kurznachrichten(SMS), Telefonieren und das Benachrichtigungscenter

- Kurznachrichtendienst

- Unterschied zwischen Festnetz und Mobiltelefon

- Das Benachrichtigungscenter

Kurznachrichtendienst(SMS)

Früher war ein Telefon zum Telefonieren da. Die Gespräche waren kurz, weil die Gesprächsminuten teuer waren. Heute ist es ganz anders. Schrittweise hat uns die Telekommunikationsbranche das „Ratschen" mit neuen, scheinbar „günstigen" Freiminuten-Tarifen anerzogen.

Ganz offensichtlich ist nicht nur die amerikanische PR-Maschinerie von sensationellem Erfolg gekrönt, sondern auch die der Kommunikationsbranche oder haben Sie in Ihrer

Stammkneipe jemals für *„Freigetränke"* einen Monat im Voraus bezahlt und waren damit einverstanden, dass die restlichen *„Freigetränke"* zum Monatsende verfallen? Würden Sie noch in dieselbe Kneipe gehen, wenn Ihnen der Barkeeper erklären würde, dass er das Geschäft mit Ihnen nur dann abschließt, wenn Sie die vereinbarte Menge, für die Sie die Rechnung vorgestreckt haben, nicht exakt verbrauchen werden?

Eine uralte religiöse Tradition gebietet mit den Worten „du sollst nicht lügen…" eine gegenseitige respektvolle Wahrnehmung. Allerdings hat das PR-Establishment recht früh erkannt, dass es Kehrseiten geschickt für seine Zwecke nutzen kann ohne dabei in eine verräterische „Lügenfalle" zu geraten. So kommt es auch, dass wir in unseren alltäglichen Denkstrukturen nicht nur „festgefahren", sondern auch manipulierbar geworden sind.

Während wir der Sonne bei Ihrem alltäglichen Untergang wehmütig hinterherblicken, verkaufen uns findige PR-Strategen dieses Ereignis als jenen freudigen Moment an dem der Mond seinen romantischen Zauber über die Nacht legen wird.

Zurück zum Thema, bevor also diese Ära der günstigen „ich sitze gerade am Klo"–Telefonie erst so richtig Fahrt aufnahm, wurde zunächst die SMS sehr beliebt. Unter SMS (**S**hort **M**essage **S**ervice) versteht man nichts Geringeres als Kurzbriefchen zu versenden und zu empfangen. Aus dem Englischen lässt sich SMS mit „Kurznachrichtendienst" ins Deutsche übersetzen. Ich schicke dir eine Kurznachricht klingt aber im amerikanisierten Europa gar nicht toll, darum spricht jeder vom SMS. Diese Kurznachrichten können eine maximale Länge von bis zu 140 Zeichen (im Rahmen einer 8 Bit-Codierung) haben.

Innerhalb eines 140 Zeichen-Limits konnten bereits kleine Geschichten erzählt werden, aber auch hier legte uns die Telekommunikationsbranche mit „günstigen" Tarifen ordentlich aufs Kreuz.

Wie viele Menschen kennen Sie, die die Pauschale von 1000 SMS, pro Monat wohlgemerkt(!), tatsächlich ausreizen? Abgesehen von Teenagern schaffen dies nur wenige Menschen. Vor allem seit dem Einzug der Smartphones in unseren Alltag und der Einführung eines kostengünstigen Internetzugangs haben Telefonie und SMS ohnehin stark an Bedeutung eingebüßt.

Dennoch kann ich mich noch gut an die Epoche aufkommender günstiger SMS-Tarife erinnern. In der Regel verschickten wir untereinander lieber SMS anstatt miteinander zu telefonieren. Zum einen konnte ein SMS jederzeit und überall gelesen, als auch verfasst und abgeschickt werden. Zum anderen war die SMS im Vergleich zum Minutenpreis der Sprachtelefonie unterm Strich deutlich günstiger. Somit wurde durch das SMS-Fieber nicht nur das Portmonee, sondern auch das Gemüt reichlich geschont.

Dank des Mobiltelefonbooms waren zu Beginn der Kommunikationsumwälzungen Freunde schnell daran gewohnt, dass jeder immer und überall erreichbar war. Ein Anruf in Abwesenheit konnte vor allem zu Beginn der Mobiltelefon-Manie Freundschaften durchaus negativ belasten. Das Gift in diesem Cocktail setzte sich nicht selten aus mangelndem Selbstbewusstsein und der Angst, dass der Freundeskreis einen übergehen konnte, zusammen.

Den respektvollen Umgang miteinander mussten wir erst neu lernen, bevor der Einzug der Technik wieder zum Segen werden konnte. Gott sei Dank rettete uns die Industrie aus dieser grotesken Lage mit der Einführung kostengünstiger SMS-Tarife. Mit dem Versenden und Empfangen der Kurznachrichten hatte man plötzlich Zeit sich gute Ausreden zu überlegen und sparte dabei noch bares Geld. Außerdem war der SMS-Service für Handysüchtige - auch so ein Novum jener Tage - der heilige Gral zur Suchtbefriedigung.

Vor der SMS-Ära musste während der Arbeitszeit auf das Mobiltelefon verzichtet werden, da jedem Chef private

Telefongespräche aufgefallen wären, aber so ein heimlich Briefchen kommt und geht ganz still und leise. Selbst Schüler konnten nun hinter dem Rücken ihrer Lehrkraft SMS´en, was umgangssprachlich, je nach Kulturkreis, auch als „Simsen" bezeichnet wird.

Hier blieb die Entwicklung aber keineswegs stehen, sodass die Mobiltelefone bald das Limit von bis zu 140 Zeichen umgingen. Die SMS konnten nun Überlänge, also mehr als 140 Zeichen haben, obwohl das Limit weiterhin Gültigkeit hatte. Bevor die überlangen SMS versendet wurden, teilte das Mobiltelefon die Gesamtzahl aller geschriebenen Zeichen im Briefchen einfach durch 140. Durch die Teilung entstanden wieder einzelne SMS, die den technischen Anforderungen der Telekommunikationsbranche entsprachen. Diese ließen sich nun problemlos versenden. Hatte man 281 Zeichen geschrieben, wurden automatisch daraus drei SMS (140+140+1), die einzeln verschickt und auch als drei einzelne SMS verrechnet wurden. Erst am Mobiltelefon des Empfängers wurden die drei SMS wieder zu einer überlangen Kurznachricht zusammengesetzt. Somit waren alle zufrieden. Wir Konsumenten mussten unsere Nachrichten nicht mehr selbst auf mehrere SMS aufteilen und die Netzbetreiber steigerten auf Grund des herrschaftlich ausgelegten roten Teppichs für König/-in Plappermaul nicht selten Umsatz und Gewinn – auch heute noch werden mit dieser Methode „überlange" SMS verschickt (Apps wie **Skype, WhatsApp und Viber verwenden die Internetverbindung** für den Daten- bzw. Nachrichtenaustausch und **unterliegen nicht den SMS-Limitierungen des Telefonnetzes!**).

Nun kamen allerdings immer öfter Mobiltelefone mit eigener Kamera auf den Markt. Was nützte es einem, wenn für die damalige Zeit „tolle" Fotos geknipst, diese aber nur äußerst umständlich via Computer mit anderen geteilt werden konnten? Die Zeiten waren nicht nur auf dem Mobiltelefonmarkt aufregend!

Viele Nutzer wünschten sich deshalb eine Möglichkeit ihr Wahnsinnsleben nicht nur per Telefongespräch oder SMS mitteilen zu können, sondern eben auch per SMS inklusive eines Foto-Anhangs. Einmal mehr reagierte die Industrie vorbildlich mit der Befriedigung jenes Bedürfnisses, das durch sie selbst erst entstanden war, und offerierte den Konsumenten nicht nur fortschrittlichere Mobiltelefone mit weiterentwickelten Mobiltelefonkameras, sondern auch Tarife mit denen die Konsumenten nun Fotos und/oder kürzeste Videosequenzen per SMS versenden konnten. Die SMS hatte allerdings diese lästige Limitierung von 140 Zeichen und wie wir uns inzwischen gut gemerkt haben, benötigen Bild und Ton, also Fotos, Videos und Musik, deutlich mehr Speicherplatz. Vice versa, so lehrt uns der Umkehrschluss, benötigen diese Informationen bei der Übertragung ebenfalls mehr Platz. Was also tun, wenn das SMS aber nur maximal 140 Zeichen übertragen kann?

Sie haben es richtig erraten, die MMS war geboren! MMS kommt wie SMS aus dem Englischen und bedeutet schlicht „**M**ultimedia **M**essaging **S**ervice". Den „Messaging Service", zu Deutsch „Nachrichtendienst", kennen wir ja schon vom SMS und die Bedeutung von „Multimedia" können wir sogar ohne Wörterbuch erschließen. „Multimedia" setzt sich aus den Wörtern „*Multi*", wie in Multivitaminsaft (der Saft der *vielen* Vitamine), und „Media" zusammen.

Gelegentlich schimpfe ich über die Medien, da weder in der Zeitung, noch im Fernsehen und leider auch nicht im Radio propagandafreie Nachrichten übermittelt werden. Ganz egal von welchem Medium ich die Informationen erhalte, ich habe ständig das Gefühl, dass ich nur die eine Seite der Geschichte zu hören bekomme. Geht es Ihnen dabei genauso oder bin ich mit meinem Frust allein auf weiter Flur?

Mittlerweile versuche ich meinen Informationsdurst mit Hilfe des Internets zu stillen, das auch so ein Medium ist, bei dem viel Propaganda auf feinfühlige Art und Weise unter meine Nase gerieben wird.

Nichtsdestotrotz kennen wir nun die Bedeutung des *Multimedia* Messaging Services. Es ist also der Nachrichtendienst „*vieler Medien*", womit sich der Nutzen auch logisch erschließt, da wir mit diesem Dienst nun via Telefonleitung *Fotos, Videos und Musik inklusive Text* mit Freunden teilen können. Die Industrie hat's natürlich sehr gefreut, dass wir auf den Geschmack der MMS gekommen waren, da sie pro MMS mehr Geld verlangen konnte als pro versendetem SMS. Was glauben Sie warum die Industrie damit davon kam?

Im Leben, da bin ich mir sicher, müssen Sie nichts erreichen, solange Sie eine gute Ausrede haben und im Fall der MMS hatte die Industrie eine plausible Ausrede. Eine MMS benötigte damals wie heute mehr Transportkapazitäten als eine SMS, wodurch höhere Kosten entstanden und der Konsument stärker zur Kassa gebeten werden konnte. Wieder einmal waren alle glücklich! In welch schöner Welt wir doch leben, so möchte man meinen.

Sei's drum, zum wiederholten Mal bemühte sich die Erde ihre Schokoladenseite der Sonne zuzuwenden, während die Welt sich einmal mehr gleichgültig weiterdrehte. Langsam fand das Internet nicht nur in den Konferenzräumen und

Büros der Großkonzerne seinen berechtigten Platz, sondern immer öfter auch in den Wohnzimmern der Arbeitnehmerklasse. Die ersten brauchbaren Gehversuche, die die Branche in Bezug auf einen mobilen Internetzugang machte, waren unter dem Namen „WAP" zu Stande gekommen. Das WAP-Internet war gähnend langweilig, weil es eine langsame Internetverbindung mit geringen Kapazitäten zur Informationsübertragung war. Von „Surf"-Vergnügen am Mobiltelefon konnte also keine Rede sein. Wer damals auf seinem Mobiltelefon mit dem „**W**ireless **A**pplication **P**rotocol" alias WAP surfte, der hatte es wirklich bitter nötig.

Die Internetseiten waren mehr oder weniger sinnvoll für die nahezu winzigen Handydisplays aufbereitet worden. Allen Seiten, die mit WAP übermittelt wurden, war die spartanische Darstellung der (Seiten)-Inhalte gemein. Diese waren so rein gar nicht mit den Internetseiten, die man mittlerweile vom Computer gewohnt war, vergleichbar.

Erst mit dem „**U**niversal **M**obile **T**elecommunications **S**ystem" (UMTS oder auch 3G/3. Generation genannt) konnte die Mobilfunkindustrie immer näher an die Standards aus der Computerbranche aufrücken. UMTS war schneller und endlich waren die Tarife auch an die Datenmengen, die ein versierter Nutzer pro Monat transportiert wissen wollte, angepasst. Das Internet für Unterwegs war nicht mehr nur für Freaks und Exzentriker, sondern auch für Otto Normalverbraucher erschwinglich und interessant geworden. Da die UMTS-Tarife auch versenden von Fotos und/oder etwas längeren Videos erschwinglich machten, wurden viele Nachrichten nicht mehr über den vergleichsweise sehr teuren MMS-Dienst versendet, sondern per E-Mail via günstigerem Internettarif an die Freunde verschickt. Findige Unternehmer erkannten nicht nur die Gelegenheit, die sich daraus ergab, sondern auch das Potential der technischen Entwicklungen und boten nun Programme an, die die Nachrichten standardmäßig via Internet und nicht mehr über den vergleichsweise teuren Telefontarif verschickten. Mit den **Smartphones**, also den Mobiltelefonen, die nun **internetfähig** waren **und einen App-Store** zur Erweiterung ihrer Funktionalität offerierten, trat nun erstmals „WhatsApp" in Erscheinung. „WhatsApp" war ausnahmsweise keine Erfindung der Industrie, sondern eine Entwicklung der gleichnamigen Firma „WhatsApp Inc.", die nach nur 5jährigem Bestehen, Anfang 2014, für die Kleinigkeit von 13,8 Milliarden Euro von Facebook aufgekauft wurde – *allem Anschein nach kommunizieren schüchterne Menschen auch sehr gerne.*

Als sich vor 100 Jahren Amerikaner und Briten zu einem kurzen Gespräch, neudeutsch auch als „Smalltalk" bekannt, trafen, war **vermutlich** nicht die Begrüßung das auffallendste Merkmal ihrer Unterhaltung, sondern wohl eher der gemeinsame Hass auf das rasant emporsteigende deutsche Kaiserreich, das auf dem besten Weg war Amerikanern, Briten und Franzosen ihren Weltrang strittig zu machen. So ändern sich die Zeiten nun mal und neben der Technik änderte sich auch die Art und Weise unserer Kommunikation. Unter den englischsprachigen Völkern ist es daher üblich die Begrüßung nicht nur auf ein „Hi" bzw. ein „Hallo" zu beschränken, sondern meist, noch bevor ihr Gegenüber antworten kann, ein „What´s up?" an die Begrüßung anzuhängen. Die deutschen Teenager machten daraus eine eigene Kreation, die an die englische Begrüßung sprachlich angelehnt ist. Aus der wörtlichen Übersetzung „Was ist los?" wurde das salonfähigere Pendant zu „What´s up" kreiert, welches auch heute noch gut und gerne seine Anwendung im Alltag findet. Unsere Kinder fragen daher schlicht, „was geht?", ebenso wie es sich die WhatsApp-Entwickler (sprich: whots-äpp) zur Geburtsstunde ihrer App gedacht haben mussten.

Warum verwendet heutzutage ein Gutteil der Smartphone-Besitzer solche „Nachrichtendienst"-Apps anstelle von SMS und MMS?

Ich würde sagen der uralte Spruch „Geld regiert die Welt" ist immer noch brandaktuell, meinen Sie nicht auch? **„WhatsApp", „Telegram", „BBM" und „XMS"** und wie sie alle heißen mögen, tauschen die Informationen **statt über die teure Telefonleitung über die Internetverbindung** aus. So können ordentlich Kosten eingespart werden. Warum eigentlich?

Dazu müssen Sie wissen, dass ein Telefongespräch eine direkte Verbindung zwischen Ihrem Telefon und dem Ihres Gesprächspartners ist. Es ist eine Art „Exklusivverbindung", die für die Dauer des Gesprächs ausschließlich den Gesprächsteilnehmern zur Verfügung gestellt wird.

Insbesondere auf dem Land war man noch *„bis vor kurzem"* unter dem schwächelnden Netzausbau und fehlender „Exklusivität" leiderfahren. Dörfer, die klein oder abgelegen genug waren, waren bis vor wenige Jahre nur mit einer Handvoll Telefonleitungen mit dem restlichen Telefonnetz verbunden. Das machte sich durch zwei unangenehme Symptome bemerkbar.

Zum einen war dadurch die Telefonleitung häufig besetzt. Eine einzige Dorftratsche konnte durch eine dauerhaft besetzte Leitung gleich mehrere Familien von der Außenwelt abschotten. Wer glaubt, dass geteiltes Leid nur halbes Leid…. ach, lassen wir das lieber!

Zum anderen litt die Dorftratsche übrigens auch unter dieser Situation, allerdings nicht, wie auf den ersten Blick zu vermuten wäre, unter einem aufgebrachten Dorfbewohnermob. Nein, die Tratsche musste sich vor dem zweiten Symptom dieser einfachen Technik in Acht nehmen. Jederzeit hätte das Lästeropfer ebenfalls in der Leitung sein und am Gespräch teilhaben können. Wer eine Telefonleitung mit anderen teilen muss, muss nicht nur warten bis die Leitung frei wird, sondern kann sich wie in einer Telefonkonferenzschaltung in das Gespräch mit „einhängen". Neben dem heimlichen Lauschen eines fremden Gesprächs gab es wohl nur noch eine Sache, die noch schlimmer war: Dorftratschen, die sich ungefragt in das Gespräch einmischten!

Im Vergleich zur „exklusiven" Telefonverbindung wollen wir uns noch einmal an die Internetverbindung zurückerinnern. Diese hatte Ihre Anfänge im Arpanet, welches sich durch eine geniale Eigenschaft von allen anderen Kommunikationswegen besonders hervorhob. Das Arpanet-Programm bemühte sich beim Informationsaustausch um eine dezentrale Struktur. Jeder, der beim Arpanet und später auch beim Internet mitmachen wollte, legte eine Art Liebeserklärung ab. Nach dem Motto des Liedes „The Glory of Love", welches von Billy Hill geschrieben worden war und von Benny Goodman (1936) aufgenommen wurde, forderte das Arpanet als auch später das Internet von seinen Teilnehmern „you have to give a little, take a little and let your poor heart break a little". Das Internet wurde Realität, weil sich seine Teilnehmer an diese Prämisse „gib ein wenig, nimm ein wenig und lass dein Herz ein wenig „*brechen*" eisern zu halten hatten. Wer Informationen aus dem Internet bekommen oder selbst versenden wollte, benötigte, genau wie heute, die Hilfe anderer, ohne die es auch keine Direktverbindung von München nach Rom geben würde.

Damals vernetzten sich zum ersten Mal einige wenige Computer über die wir heute nur noch schmunzeln können. Ein Computer war nicht selten zimmergroß und ersparte durch die Abwärme, die er bei seinem Betrieb erzeugte, die ***Installation einer Heizung.*** Derart primitive Computer vernetzten sich also über noch primitivere Telefonleitungen und ich glaube der Blick auf die astronomisch hohe Telefonrechnung animierte manch einen Nutzer nicht nur zur Flucht auf den Mond, sondern sorgte tatsächlich auch für ein gebrochenes Herz.

Seit damals hat sich die Welt rasant weiterentwickelt. Inzwischen übernehmen größere Konzerne die Aufgaben des

Gebens und Nehmens. Das Rückgrat des Internets, im Englischen „Internet-Backbone" (sprich: bäckbohn) bezeichnet, wird unter anderem von den Telekommunikationsriesen zur Verfügung gestellt. Diese verknüpfen nicht nur die weltweit verteilten Netzwerke über Glasfaserleitungen miteinander, sondern vermieten ihre Kapazitäten auch an uns Verbraucher. Sie können den Aufbau des Internets mit einem Autobahnnetz vergleichen, für das Sie Autobahnmaut bezahlen müssen, wobei bei der Internetautobahn nur Maut für die örtliche Auffahrt von Ihnen kassiert wird. Diese Maut entspricht in der Regel der Internetpauschale, die Sie mit Ihrem Vertragspartner via Vertragsabschluss vereinbart haben.

Achtung! Während viele Internetanbieter einen Pauschalbetrag für unbegrenztes und unlimitiertes Internet erheben, gibt es immer noch ältere Tarife für Nutzer, die das Internet nur selten verwenden. Oftmals ist in diesen Fällen die *Tarifgrundgebühr deutlich niedriger*, dafür wird aber nur ein *begrenztes Informationsvolumen* zur Verfügung gestellt. (Das heißt also, dass die **Summe** der *Download- **und** Upload*-**Menge** verrechnet wird und **nicht die Geschwindigkeit bzw. die Aufenthaltsdauer** für die Kostenabrechnung ausschlaggebend sind.) Ein solcher Spartarif lässt sich mit einer Maut für eine Autobahnauffahrt vergleichen, bei der Sie die Auffahrt zwar so oft Sie wollen benutzen dürfen, allerdings dabei Ihre mitgeführte Transportlast vermerkt und bei Erreichen des vereinbarten maximalen „Solls" jede weiterfahrt entweder verweigert oder zu den üblichen Überschreitungsgebühren teuer dazu verrechnet wird.

Ein kurzes Beispiel soll veranschaulichen was ich meine: Sie können die Autobahnauffahrt „alleine", also nur durch Übertragung von Text in E-Mails oder von Text auf schlicht gestalteten Internetseiten, zehnmal bis zum Erreichen des vertraglich vereinbarten Limits nutzen. Oder Sie fahren mit Freunden auf die Autobahn auf, wodurch Sie mehr „Last" mit sich führen, zum Beispiel durch das Betrachten von Fotos oder gar Videos mit und ohne Text. Daher können Sie statt der zehn Alleinfahrten eben nur noch drei Mal auf die Autobahn auffahren, obwohl die Anzahl der Auffahrten an und für sich nicht limitiert wäre. In diesem Fall wird auf Grund der gestiegenen Informationslast das Tariflimit früher erreicht (Fotos, Musik und Videos benötigen im Vergleich zu Texten mehr Speicherplatz und deshalb auch mehr Transportspeicherplatz!).

So oder so fallen sämtliche Auslandsgebühren, die bei der Telefonie und dem Versenden von SMS ins Ausland entstehen, vollständig flach – ein echter Knüller! Sie müssen nur die Maut für die örtliche Auffahrt bezahlen!

Damit Sie als Smartphone-Neuling nicht unnötiges Lehrgeld bezahlen, darf ich Ihnen zwei kleine Tipps mit auf den Weg geben?

Erstens, lassen Sie bei Ihrem Netzbetreiber sogenannte *Mehrwertnummern* (0190-, 0900-Nummern usw.) bzw. falls es Angeboten wird, auch das Bezahlen von Dienstleistungen über die Telefonrechnung *sperren*. Dadurch haben Sie eine häufige Quelle für Betrug kinderleicht ausgeschlossen. Insbesondere Netzbetreiber, die neben Internetverträgen generell auch Mobiltelefonverträge offerieren, bieten Ihnen diesen (meist kostenlosen) Service an.

Den *zweiten Tipp* kennen Sie bereits. Ich fordere Sie gerne nochmals dazu auf: der *Hausverstand gehört in den Kopf* und nicht in das Erste Hilfe Kasterl!

Werden Sie zur Angabe Ihres Namens, Ihrer Adresse und/oder Ihrer Konto– bzw. Kreditkartennummer aufgefordert, weil Sie scheinbar etwas gekauft haben von dem Sie absolut sicher sind, dass Sie es nie bestellt haben, dann kommen Sie um Himmels willen nicht den Aufforderungen der Betrüger nach! Niemand kann und niemand wird Ihnen eine Rechnung ausstellen können, solange Ihre wahren Daten nicht bekannt sind. **Ihre Bank, die Polizei und Ihr Netzbetreiber werden Sie über das**

Internet niemals zu irgendwelchen Handlungen auffordern.

Alle drei kennen Ihre Adresse und alle drei werden Sie im nötigen Fall dazu auffordern in der Filiale bzw. im Präsidium vorstellig zu werden. Es gibt keinen Notfall, der nicht auch von Angesicht zu Angesicht gelöst werden kann. Falls Sie sich nicht sicher sind, dann rufen Sie bei den entsprechenden Stellen an (Hotline - **nicht** den Polizeinotruf!) und haken Sie nach **(verwenden Sie dazu NICHT die Telefonnummer, die Ihnen praktischerweise auf der Betrugsseite angeboten werden wird, sondern suchen Sie in einem echten Telefonbuch aus Papier die Telefonnummer des entsprechenden Unternehmens heraus).** Ist am Wochenende niemand erreichbar, dann warten Sie auf den folgenden Montag und fragen dann nach! **Alle Aufforderungen, die von Ihnen rasche bzw. übereilte Entscheidungen verlangen sind mit Sicherheit Versuche Sie ordentlich aufs Kreuz zu legen.** Ihr Computer, Ihr Mobiltelefon oder auch Ihr Tablet kann keinen Schaden nehmen, wenn Sie der Zahlungsaufforderung nicht nachkommen. (Dies gilt in 90% aller Fälle – ein kleines Restrisiko bleibt selbst bei Profis immer bestehen, aber wozu hat man Freunde? **Fühlen Sie sich verunsichert, dann ziehen Sie jemand mit Interneterfahrung zu Rate!**)

Nochmals zum Mitschreiben

Ohne Ihren Namen, Ihrer Adresse oder Ihrer Bankverbindung kann Sie niemand zur Kassa bitten. Bitten Sie *INTERNETERFAHRENE* Freunde und Verwandte um freundschaftlichen Rat, falls dennoch eine Restunsicherheit besteht!

Folgen Sie im Internet keiner Aufforderung, die von Ihnen Ihr Passwort verlangt, weil eine Computerpanne aufgetreten ist, irgendein Notfall im System besteht oder die sofortige Bekanntgabe Ihres Passworts nötig ist, weil der Weltuntergang bevorsteht, der ohne Ihr Passwort nicht verhindert werden kann!

Im Notfall wird keine Bank, kein Telekommunikationsunternehmen und keine Behörde jemals die Herausgabe irgendeiner persönlichen Information via Internet verlangen – niemals! Darauf haben sich alle Unternehmen, die dadurch Betrugsversuchen im Internet zuvorkommen wollen, stillschweigend geeinigt – Deshalb niemals, absolut niemals!

Lassen Sie uns nun zum eigentlichen Thema zurückkehren und einen kurzen Blick auf so einen Informationstransport über die Telefonleitung mit einem Informationstransport über das Internet vergleichen. Sie werden schnell erkennen wie genial das dezentrale Informationssystem des Internets ist.

Unterschied zwischen Festnetz und Mobiltelefon

Zunächst der Informationsaustausch per Telefonleitung

Mit einem Festnetzanschluss besitzen Sie den Zugang zu einer fixen Telefonleitung. Da Ihr Netzbetreiber weiß unter welcher Adresse dieser Anschluss installiert wurde, kann er Ihnen den Service anbieten, dass Sie innerhalb einer bestimmten Region, genauer gesagt innerhalb Ihres Ortes, keine Vorwahl (Ortsvorwahl) wählen müssen, wenn Sie von Festnetz- zu Festnetzanschluss telefonieren wollen.

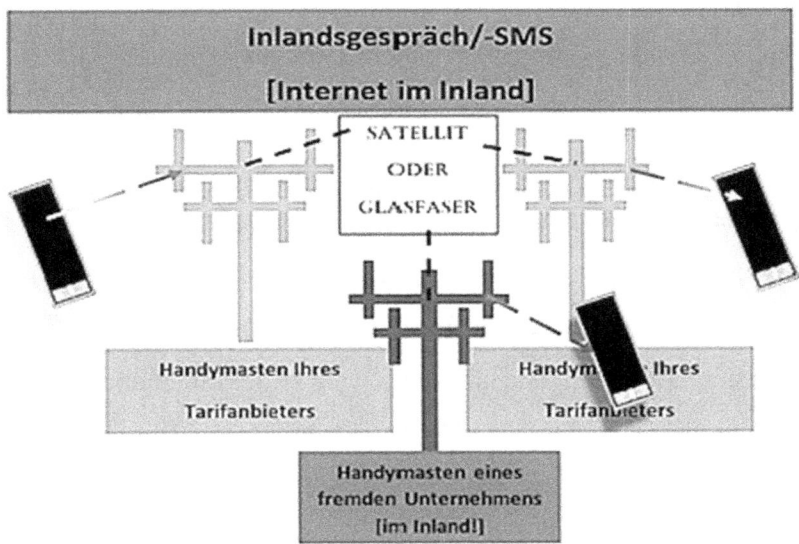

Ein Mobiltelefon kann sich dummerweise überall befinden. Für das Mobiltelefon kann es nie eine „feste" Leitung geben. Woher sollen Sie als Anrufer wissen welche Ortsvorwahl Sie zu wählen haben, wenn Ihr Gesprächspartner unterwegs und nicht zu Hause ist? Sie können es schlichtweg nicht wissen! Nur der Netzbetreiber Ihres Gesprächspartners weiß wo er diesen erreichen kann. Dieses Unternehmen kann aber nicht wissen, dass Sie eben jetzt einen Anruf dorthin tätigen wollen. Daher haben sich die Netzwerkingenieure, also jene Leute, die für den reibungslosen Verbindungsablauf verantwortlich sind, einen Trick überlegt.

Durch die Vergabe einer für jeden Netzbetreiber (Mobilfunk!) reservierten Vorwahl, weiß nun Ihre Telefongesellschaft, dass Sie beim Wählen dieser bestimmten Vorwahl mit einem Kunden des Unternehmens XY telefonieren wollen. Mit der Telefonnummer nach der Vorwahl des Unternehmens XY erklären Sie, dass Sie nur mit dem einen Kunden, dem diese Nummer zugeteilt wurde, telefonieren wollen. Das Unternehmen XY erhält beim Verbindungsversuch diese Informationen von Ihrem Netzbetreiber und weiß deshalb mit wem Sie sprechen wollen. Außerdem weiß es wo es das Mobiltelefon Ihres Gesprächspartners finden kann, da sich dieses in regelmäßigen Abständen (ohne Zutun) beim nächstgelegenen Handymast meldet. Das Unternehmen XY kann nun zusammen mit Ihrem Netzbetreiber eine Telefonverbindung vermitteln, die „exklusiv", nur für Sie und Ihren Gesprächspartner, freigehalten wird.

Da die Mehrheit der Telefongespräche im Inland vermittelt werden, können alle Netzbetreiber die laufenden Kosten in etwa überschlagen und Ihnen dementsprechend günstige Konditionen für einen Mobilteletonvertrag offerieren. Sie bezahlen, obwohl Sie für den Verbindungsaufbau unter Umständen auch Handymasten einer anderen Telefongesellschaft, nämlich die Ihres Gesprächspartners benötigen, keine zusätzlichen Gebühren, da für Inlandsgespräche diese Kosten von den Unternehmen bereits miteinkalkuliert wurden.

Ohne zu sehr ins Detail gehen zu wollen, sollten Sie außerdem wissen, dass Telefongespräche in aktive und passive Gespräche eingeteilt werden. Ein **aktives Gespräch** führen Sie, wenn Sie diejenige Person waren, die **den Gesprächspartner angerufen** hat. Der logische Schluss lautet daher, dass Ihr Gesprächspartner derjenige war, der den **Anruf entgegengenommen** und somit nur **passiv** zum Verbindungsaufbau (durch abheben) beigetragen hat. Dies müssen Sie vor allem immer dann berücksichtigen, wenn Sie sich mit Ihrem Mobiltelefon im Ausland befinden, denn Ihr

Mobiltelefonvertrag deckt nur in seltenen Fällen eine Auslandspauschale ab.

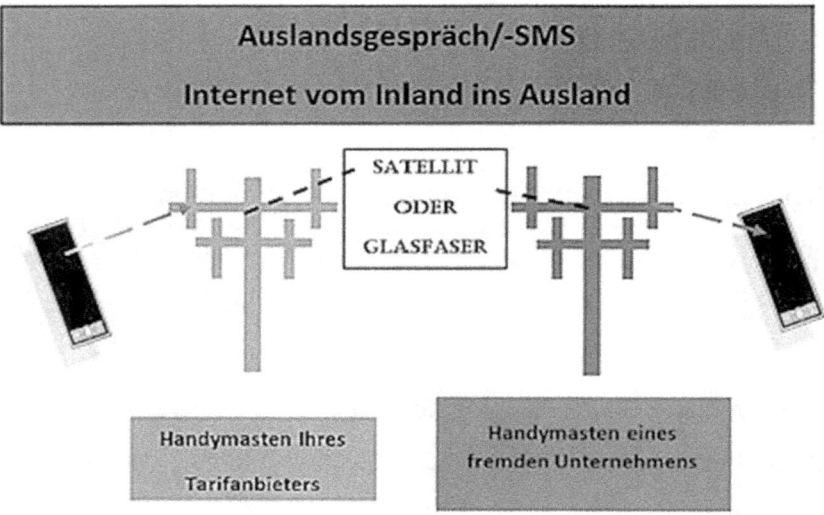

Konkret bedeutet dies folgendes: wie wir wissen gibt es bei der Festnetztelefonie im Inland die Ortsvorwahl und für Anrufe zu den unterschiedlichen Mobilnetzbetreibern deren unternehmensspezifische Vorwahl. Da dies Informationen sind, die im Inland allgemein bekannt sind und außerdem die Kosten für diese Verbindungen vertraglich in Ihren Tarifkonditionen festgehalten wurden, darf man von Ihnen auch erwarten, dass Sie anhand der Vorwahl erkennen können, ob Sie ein Inlands- oder ein Auslandsgespräch führen werden. Aus der Sicht Ihres Netzbetreibers sind Sie sich im Klaren, ob die vereinbarten Konditionen für

Inlandsgespräche Gültigkeit oder keine Gültigkeit haben. Was passiert aber, wenn Ihr Gesprächspartner sein Mobiltelefon mit in den Urlaub nimmt und Sie Ihn anrufen? Anhand der Inlandsvorwahl seines Netzbetreibers können Sie ja gar nicht erkennen, dass sich Ihr Gesprächspartner im Ausland befindet!

Es wäre doch absolut unfair von Ihnen Gebühren für ein Auslandsgespräch zu erheben von dem Sie zu keinem Zeitpunkt der Vermittlung darüber informiert waren, dass Sie nun, trotz Inlandsvorwahl, in ein ausländisches Netz telefonieren?! Daher tragen Sie auch nur die mit Ihrem Netzbetreiber vereinbarten Kosten für Inlandsgespräche bis zur Landesgrenze.

Allerdings wusste Ihr Gesprächspartner, der zum Zeitpunkt des Vermittlungsversuchs am Urlaubsort verweilte, dass sein Unternehmen XY, bei dem er **IN DER HEIMAT** den Mobiltelefonvertrag abgeschlossen hat, sehr wahrscheinlich kein eigenes Netz am Urlaubsort betreibt. In unserem Beispiel deckt sein Mobiltelefonvertrag auch keine Auslandspauschale ab. Dies bedeutet, dass er sich darüber im Klaren sein muss, dass sein Netzbetreiber für eine **erfolgreiche** Gesprächsvermittlung zwischen Ihnen und ihm im Ausland die Hilfe eines fremden Unternehmens benötigen wird. Mit diesem **Fremdnetz**betreiber am Urlaubsort hat Ihr

Gesprächspartner aber keinen kostengünstigen Vertrag abgeschlossen. Er muss sich nun überlegen, ob er den Anruf annehmen und für ein passiv geführtes Gespräch die Gebühren des **Fremdnetz**betreibers am Urlaubsort bezahlen will oder ob er sein Mobiltelefon klingeln lassen soll. Da Sie selbst der Anrufer waren und die Gebühren für ein Inlandsgespräch bezahlen, fallen bei passiv geführten Auslandsgesprächen für den Gesprächsteilnehmer am Urlaubsort geringere Gebühren an als bei einem aktiven Verbindungsaufbau vom Ausland in die Heimat anfallen.

Ruft nämlich Ihr Gesprächspartner vom Urlaubsort zu Hause an, dann muss er die Gebühren für das Fremdnetz zusätzlich zu den üblichen Gebühren eines Inlandsgesprächs bezahlen. Auch hier gilt wieder, dass Sie anhand der Vorwahl der Telefonnummer nicht erkennen können, dass Ihr Gesprächspartner mit seinem Mobiltelefon vom Ausland aus anruft. Da Sie in diesem Punkt unwissend sind, können Sie durch abheben ein passiv geführtes Gespräch entgegennehmen. Hingegen weiß Ihr Gesprächspartner, dass er am Urlaubsort die Hilfe eines ausländischen Unternehmens benötigt, um mit Ihnen in der Heimat telefonieren zu können. Da er am Urlaubsort Ihre Nummer wählt, tätigt er einen aktiven Anruf bei dem er im Vergleich zu dem zuvor erwähnten passiv geführten Telefongespräch mit höheren Kosten rechnen muss.

Sobald Sie einen ausländischen Handymast benötigen, der nicht von Ihrem Netzbetreiber zur Verfügung gestellt wird, fallen also zusätzliche (außervertragliche) Kosten an. Im Englischen wird die Inanspruchnahme von Infrastruktur fremder Netzbetreiber schlicht als **„Roaming"** (sprich: rohming) bezeichnet. Auf Deutsch könnten wir diesen Vorgang salopp mit „herum streunen" beschreiben, da wir uns wie Katzen oder Hunde auf fremden Besitz herumtreiben und auf Hilfe angewiesen sind.

Besonders **in der Nähe einer Staatsgrenze** müssen Sie sich vor Roaming in Acht nehmen. In manchen Situationen ist der ausländische Handymast, obwohl Sie sich im Inland befinden, weniger weit von Ihrer Position entfernt als der Handymast Ihres Netzbetreibers. Da das Signal vom fremden Handymast dadurch stärker als das Signal Ihres Netzbetreibers sein wird und Ihr Mobiltelefon darauf trainiert (programmiert) wurde, immer die hochwertigste Verbindung zu verwenden, damit Gesprächsunterbrechungen vermieden werden, können nun Auslandsgebühren anfallen, obwohl Sie niemals im Ausland waren. Ein Blick auf den Smartphone-Bildschirm, **vor der Gesprächsannahme (!)**, verrät Ihnen in welchem Netz Sie sich gerade mit Ihrem Mobiltelefon befinden. Sehr häufig wird dies oben links, gleich neben dem Symbol der Signalstärke, von den Smartphones angezeigt. In manchen

Fällen wird diese Information stattdessen auch oben rechts angezeigt.

Im Anschluss ist das Symbol der Signalstärke, welches Sie bereits kennen dürften, abgebildet.

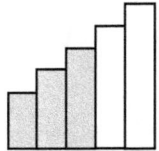

Verwechseln Sie das Symbol des Netzempfangs nicht mit jenem des W-LAN-Netzes, welches sich durch seine geschwungenen Linien vom Netzempfang leicht unterscheiden lässt. Beide Symbole zeigen unabhängig voneinander die entsprechende Empfangsqualität des jeweiligen Netzwerks an. Seien Sie also nicht überrascht, wenn beispielsweise Ihr Netzempfang miserabel und der W-LAN Empfang fürs Internet oder auch für die Internettelefonie zur selben Zeit sehr gut ist.

Nachstehend ist das Symbol der W-LAN Signalstärke dargestellt:

Außerdem senden Ihnen die Netzbetreiber zusätzlich ein Informations-SMS sobald sich Ihr Mobiltelefon in einem Roaming-Netz (Fremdnetz) angemeldet hat. In so einem SMS weist Sie Ihr Netzbetreiber auf die zusätzlichen Kosten **bei *erfolgter* Vermittlung** hin. Allerdings können diese SMS, trotz bald verschärfter EU-Vorschriften (Stand: Mitte 2015), zeitverzögert eintreffen, daher empfehle ich Ihnen den Blick auf die **Netzanzeige Ihres Smartphone-Bildschirms**. Diese zeigt **immer** das **aktuell ausgewählte Netz** an. Entspricht die Netzanzeige dem **(exakten)** Namen Ihres Netzbetreibers, dann befinden Sie sich innerhalb Ihrer Vertragsvereinbarungen. Wird hingegen der Name eines anderen Mobilfunkunternehmens angezeigt, dann ist Ihr Smartphone zu diesem Zeitpunkt in einem Roaming-Netz angemeldet und es werden beim Informationsaustausch (Telefongespräch, SMS/MMS, Internetnutzung) zusätzliche außervertragliche Kosten anfallen. Die Kontrolle der Netzanzeige ist im Gegensatz zum Informations-SMS die weitaus zuverlässigere Methode.

Zur Vermeidung unbeabsichtigter (außervertraglicher) Kosten, die durch die Nutzung von Fremdnetzen entstehen, können Sie in den Einstellungen Ihres Smartphones Roaming deaktivieren, also abschalten. Dadurch verbieten Sie Ihrem Mobiltelefon von vornherein die Benutzung kostenintensiver Fremdnetze.

Grundsätzlich ist dies auch keine schlechte Wahl, sofern Ihr Netzbetreiber nicht vor „kurzem" mit einem weiteren Unternehmen fusionierte. Aus zuvor getrennten Mobiltelefonnetzen entsteht beim Zusammenschluss der bis dahin konkurrierenden Netzbetreiber ein größeres Mobiltelefonnetz. Leider werden die Handymasten nicht so schnell auf die neue Situation umgestellt, da dies mit technischen Komplikationen und Kosten verbunden ist. Dies hat zur Folge, dass die Handymasten weiterhin die Information des alten Mobiltelefonnetzes, eben jene Netzkennung vor der Fusion der Unternehmen, an Ihr Smartphone übermitteln.

Deaktivieren Sie das Roaming an Ihrem Smartphone, dann verbieten Sie diesem das durch die Fusion neu hinzugekommene Netz zu verwenden. Dieses sendet ja noch immer die Netzkennung als wäre niemals eine Fusion zwischen Ihrem Netzbetreiber und dem hinzugekommenen Netzbetreiber vollzogen worden. Gesprächsunterbrechungen wie auch Empfangslücken, die sich trotz griffbereitem Smartphone durch vermehrte Anrufe in Abwesenheit bemerkbar machen, können die unmittelbare Folge sein.

Damit es nicht zu viele Informationen auf einmal werden, genügt die folgende schlichte Feststellung: für das Senden und Empfangen von SMS und MMS gelten die exakt gleichen Regeln. Auch beim Internetzugang sind diese Regeln für die Maut der Autobahnauffahrt gültig. Vergessen Sie nicht, dass MMS und Internet weitaus mehr Informationen als SMS übertragen. Daher sind diese auch **viel teurer**! Benutzen Sie heimische Handymasten für die Auffahrt ins Internet, fallen nur die vereinbarten Inlandsgebühren an. Benötigen Sie für die Auffahrt ins **Internet jedoch fremde Handymasten**, weil Sie sich beispielsweise gerade im Urlaub befinden, dann müssen Sie dem Netzbetreiber am Urlaubsort außervertragliche Gebühren bezahlen, die mitunter **mehr als nur saftig ausfallen können**! (alle Auslandskosten werden Ihnen via Telefonrechnung abgebucht)

Wir wollen nun einmal TIEF Luft holen, da dies reichlich Fachwissen auf einmal war. Vermutlich war beim ersten Durchlesen auch nicht alles kinderleicht zu verstehen. Jetzt wäre also ein günstiger Moment für eine Kaffee- und Kuchenpause? Im Anschluss können Sie den problematischen Teil wiederholen und entspannt weiterlesen.

Was ist es nun, was das Internet so unschlagbar macht?

Unschlagbar schnell, unschlagbar günstig und fast immer unbegrenzt... (dies gilt ausschließlich für die Internetnutzung im Inland mit unlimitierten Pauschaltarifen oder mit Hilfe eines gratis W-LAN-Zugangs)

Sie haben gesehen, dass eine direkte Verbindung zwischen zwei Telefonen gar nicht so billig sein muss. Die Leitung wird Ihnen und Ihrem Gesprächspartner „exklusiv" zur Verfügung gestellt. Mit anderen Worten kann während Ihres Gesprächs niemand anderer die Leitung benutzen (die guten alten Zeiten der unfreiwilligen Telefonkonferenzen sind passé). Da ist die Welt des Internets grenzgenial, im wahrsten Sinne des Wortes! Denn das Internet baut Barrieren ab und überwindet „spielerisch" Grenzen.

Damit Ihr Smartphone sich mit dem Internet verbinden kann, benötigt es entweder einen Handymast bei dem Sie zu Ihrem vereinbarten Tarif „surfen" können oder ersatzweise eine W-LAN-Verbindung. Alternativ ist auch der Ausdruck Wi-Fi weit verbreitet, genau wie bei Stereoanlagen auch die Rede von Hi-Fi gebräuchlich ist. Bei W-LAN wird der Internettarif verrechnet, den der Hotspotbetreiber wiederum mit seinem Internetanbieter vereinbart hat. Allerdings bedeutet dies nicht, dass der Hotspotbetreiber deshalb auch automatisch von Ihnen Gebühren erhebt.

Vielleicht haben Sie schon einmal von „Geysiren", eine beliebte Touristenattraktion in Island, gehört? Wasser wird unter der Erdoberfläche durch vulkanische Aktivität stark erhitzt. Was sich danach ereignet kennen Sie bereits aus Ihrer Küche.

Beim Zubereiten von Reis oder Nudeln geben Sie einen Deckel auf den Topf, damit die Wassertemperatur schneller ansteigt. Sobald das Wasser seine Siedetemperatur (es kocht) erreicht hat, entsteht Wasserdampf, der mehr Raum beansprucht als das flüssige Wasser darunter.

Das gleiche gilt auch für Menschen, die so richtig wütend sind. Erst, nachdem Sie Dampf ablassen konnten, benötigen Sie wieder weniger Raum und man kann sich Ihnen gefahrlos nähern.

Solange das Gewicht des Deckels größer als der Druck ist, der durch den wachsenden Raumbedarf des Wasserdampfs unter dem Deckel stetig zunimmt, bleibt alles beim Alten. Fällt das Gleichgewicht allerdings zu Gunsten des Wasserdampfdrucks aus, hebt sich der Deckel für einen kurzen Augenblick vom Topf, sodass durch die entstandene Lücke Wasserdampf entweichen kann. Das Deckelklappern signalisiert den schnellen Wechsel zwischen dem Gleich- und Ungleichgewichtszustand von Deckelgewicht und Wasserdampfdruck.

So ein Geysir in Island ist gewissermaßen die natürliche Variante Ihrer Kochkünste, da beim Geysir in regelmäßigen Abständen kochendes Wasser zusammen mit dem Wasserdampf aus dem Erdboden emporschießen. In der Natur, genau wie in Ihrer Küche, gibt es nur einige wenige Stellen, an denen Sie dieses Phänomen beobachten können, deshalb spricht man von einer heißen Stelle, was im Englischen als „Hot Spot" bezeichnet wird. Beide englischen Bezeichnungen kennen Sie bereits aus dem Alltag: **Hot** Dog bzw. **Spot**licht/**Spot**light. Warum wird der W-LAN-Sender auch als Hotspotbetreiber bezeichnet?

Beobachten Sie einmal was bei Ihnen zu Hause, kurz bevor die Mahlzeit serviert wird, geschieht. Die Küche wird nicht selten zum Brennpunkt des Familienlebens und für ein paar Augenblicke wird die Kochplatte tatsächlich zur heißesten (begehrtesten) Stelle in Ihrem Heim.

Auch bei W-LAN-Hotspots lässt sich dieses Verhalten *beobachten*, vor allem immer dann, wenn das vom Hotspotbetreiber gebildete örtliche Netzwerk nicht durch ein

Passwort geschützt wird. Im Umkreis von bis zu 100 Metern können wir kostenlos unseren Informationshunger mit Informationshäppchen aus dem Internet stillen (, weil der Hotspotbetreiber nichts von uns verlangt und die Kosten, die durch die Nutzung seines Internetzugangs entstehen, für uns übernimmt).

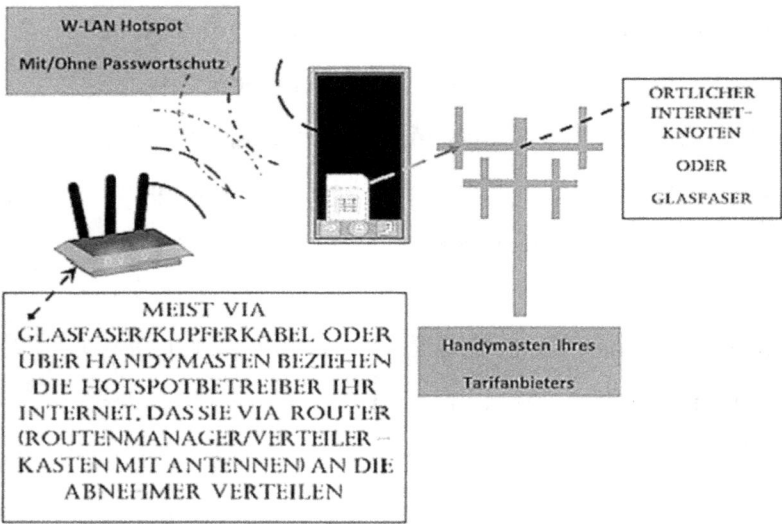

Warum ist es günstiger **mit Hilfe der SIM-Karte** Ihres Smartphones **ein Telefongespräch über das Internet anstelle** eines Gesprächs **über das Telefonnetz** zu führen? Es führt doch in beiden Fällen zum gleichen Ergebnis?

Ja, es stimmt. Das Ergebnis ist schlussendlich dasselbe. In beiden Fällen können Sie telefonieren. Allerdings sind die

Kosten nicht immer dieselben. Gehen wir davon aus, dass Sie einen günstigen Smartphone-Tarif haben, der Ihnen unlimitierten Internetzugang gewährt. Sie haben außerdem Freiminuten und Frei-SMS. Gegenwärtig bieten die Netzbetreiber in der Regel 1000 Frei-SMS und 1000 Freiminuten als Grundtarif an. Für diese „Frei"-Mengen haben Sie mit der vereinbarten Grundgebühr die Nutzung im Voraus bezahlt. Nach überschreiten dieser „Frei"-Mengen fallen also zusätzliche Kosten an, die pro SMS bzw. pro Minute zur vereinbarten Grundgebühr dazu verrechnet werden. Dasselbe gilt auch für das Wählen ausländischer Telefonnummern. Erinnern Sie sich an die guten alten Zeiten zurück! Damals achtete man noch darauf nicht zu viel zu plappern und nicht zu viele SMS zu versenden! Wer vor allem zu Anfang der Mobiltelefonära nicht darauf achtete, telefonierte geradewegs in die Kostenfalle.

Wie wir inzwischen wissen ist das Internet dezentral aufgebaut. Deshalb ist eine Verbindung mit dem nächstgelegenen Handymast vollkommen ausreichend. Es genügt die Maut für die Autobahnauffahrt zu bezahlen, um das ganze Autobahnnetz benutzen zu dürfen. Hingegen gibt es bei einem regulären Telefongespräch keine Autobahnauffahrten. Stattdessen werden Sie gezwungen *mühselig eine Route über Landstraßen zu fahren, die für die Dauer des Gesprächs oder der SMS-/MMS-Übertragung extra für Sie freigehalten wird.* In den meisten Fällen benötigen Sie nicht nur den Handymast Ihres Netzbetreibers, sondern auch Handymasten fremder Netzbetreiber, die vor allem bei Auslandsgesprächen [ausländische Vorwahl!] nicht in Ihrem Mobiltelefonvertrag mittels einer Nutzungspauschale abgedeckt werden. Dieser Umstand und die Tatsache, dass die anfallende Informationsmenge, bei Telefongesprächen und SMS im Verhältnis zum „regulären" Informationsfluss einer Internetverbindung marginal sind, macht die Internetnutzung so außerordentlich vorteilhaft gegenüber der „Exklusivverbindung" des Telefonnetzes.

Dies trifft nur beim inländischen Verbindungsaufbau oder auch bei einem gratis W-LAN-Zugang zu, wodurch für Sie Ihr Aufenthaltsort bedeutungslos wird, da der Hotspotbetreiber die Kosten für Sie übernimmt!

Sobald Ihre Informationen über den nächstgelegenen Handymast auf die Datenautobahn „aufgefahren sind", bewegen sich diese im „Netz". Dort gilt das Prinzip „gib ein wenig, nimm ein wenig".

Alle Informationen lassen sich schlussendlich auf einen Morsecode, den wir mit der Geschichte der Indianer und ihren Rauchzeichen veranschaulicht hatten, reduzieren. Ganz egal, ob Ihr Informationsaustausch Fotos, Musik, Videos oder einfach nur Text beinhaltet, am Ende wandelt jedes

Elektrogerät diese Information in eine variable Abfolge von „Strom an" und „Strom aus" um. Erinnern Sie sich an die Wölkchen zurück!

Dem Internet ist durch diese technische Grundlage etwas gelungen, was uns Menschen vermutlich noch sehr lange verwehrt bleiben wird. Mit der kompromisslosen Reduktion jeder Art von Information auf eine entsprechende Abfolge von „Strom an" und „Strom aus" entstand eine **echte Demokratie**, in der alle Informationen **tatsächlich gleichwertig** übermittelt werden. Das Internet unterscheidet nicht, ob die Information, die durch sein Autobahnnetz geschickt wird, ein bedeutungsschwangerer Friedensvertrag zwischen verfeindeten Staaten oder im Vergleich dazu ein unbedeutender Ratgeber für Smartphones ist. Wie auch? Es übermittelt ja nur Stromsignale!

Durch diese technischen Rahmenbedingungen sind Maschinen (Computer, Mobiltelefon, Tablet…) in der Lage Ihre Fotos, Videos, Musikstücke oder auch Liebesbriefe in mehrere kleine Teilstücke, alias Datenpakete, aufzutrennen und anschließend über unterschiedliche Autobahnrouten mehr oder weniger gleichzeitig ans Ziel zu transportieren. Erst dort werden die Informationen wieder zu dem zusammengefügt, was Sie vor Ihrem Reiseantritt waren. Eine Abrechnung für einzelne Routen, die die verschiedenen

Datenpakete nehmen, würde schnell zu einer Monsteraufgabe werden! Besser ist die Abrechnung via Maut für die Benutzung der Auffahrt, da die Auffahrt der Flaschenhals ist, den alle Datenpakete passieren müssen bevor Sie schließlich durch das Internet rasen.

Die Vorteile dieses Systems sind ausschlaggebend für seinen revolutionären Charakter: es gibt so gut wie nie einen Stau auf der Autobahn und mehrere Nutzer können zur selben Zeit dieselben Autobahnrouten benutzen ohne sich dabei zu behindern. Der Informationsfluss kann deshalb massiv gesteigert werden und die Kosten durch zwei entscheidende Faktoren, Einwahl am **örtlichen Handymast** und **gleichzeitige Mehrfachbelegung** von Autobahnrouten, drastisch gesenkt werden! Ich wiederhole mich gerne – einfach nur ein Knüller!

Für Sie ist daher nur die Art und Weise wie Sie Ihre Verbindung ins Internet aufbauen wichtig. Im Inland über Ihre SIM-Karte sozusagen zum Ortstarif (Ihr Mobiltelefon wählt sich automatisch am nächstgelegenen Handymast ein) oder unter Umständen sogar gratis über irgendeinen offenen W-LAN-Zugang (ohne Passwortschutz), einem sogenannten Hotspot.

Im Ausland sollten Sie nach Möglichkeit auf SIM-Kartenverbindungen verzichten, da dort zum

Verbindungsaufbau Handymasten eines fremden Netzbetreibers zur Unterstützung herangezogen werden müssen. **Insbesondere Internet über die SIM-Karte ist im Ausland besonders teuer und wird gerne unterschätzt (es werden deutlich mehr Informationen transportiert als beispielsweise bei einem Telefongespräch oder einem SMS mit 140 Byte anfallen – ein Lied hat im Vergleich zum SMS durchschnittlich 3 – 5 MB, also bereits 3 bis 5 MILLIONEN Bytes!).**

Wir wollen es daher beim Ausspruch „von Touristen kassiert man gerne ab" belassen und abschließend den Hinweis in den Raum stellen, dass Hoteliers Ihren Gästen oftmals, trotz Passwortschutz, einen kostenfreien W-LAN-Internetzugang anbieten. Über so einen Internetzugang können Sie **mit Apps wie Skype, Viber** und Co. sorglos zum Nulltarif telefonieren, sofern **Ihr Gesprächspartner ebenfalls Internetzugang und dieselbe App** wie Sie (Skype, Viber…) in Verwendung hat.

Fühlen Sie sich nicht versiert genug, um festzustellen, ob Sie gerade über W-LAN oder zu einem „sauteuren" Auslandstarif im Internet surfen, dann entnehmen Sie äußerst vorsichtig die SIM-Karte aus Ihrem Smartphone. Dieses kann auch ohne SIM-Karte betrieben werden und so eine Verbindung zu einem Hotspot aufbauen.

Allerdings haben die Hersteller auch in diesem Punkt einen Schritt weitergedacht und bieten Ihnen eine Alternative zur lästigen SIM-Kartenentnahme an.

Häufiges entfernen der SIM-Karte kann zur mechanischen Abnutzung der Kontaktstellen zwischen SIM-Karte und Smartphone führen. Im „Katastrophenfall" bricht so eine Kontaktstelle, die auch „Pin" genannt wird, ab, wodurch Ihr Smartphone nutzlos wird.

Stattdessen können Sie die Verbindung zu Handymasten durch die Aktivierung (das Einschalten) des „Flugzeug-Modus" trennen.

Vor einigen Jahren war in Flugzeugen das Betreiben von Mobiltelefonen vor allem während der Start- und Landephase aus Sicherheitsgründen untersagt. Zum Teil müssen auch heute noch elektrische Geräte in diesen kritischen Phasen des Flugs ausgeschaltet bleiben - Ihre Flugbegleitung kann Sie über die gegenwärtigen Richtlinien aufklären.

Da das Smartphone bei Aktivierung des Flugzeug-Modus alle Verbindungen trennt, SIM-Karte zu Handymast und W-

LAN-Verbindung zum Hotspotbetreiber, müssen Sie im Anschluss das W-LAN Ihres Smartphones wieder einschalten.

Bei aktivem Flugzeug-Modus erscheint an der Stelle, an der üblicherweise das Symbol des Netzempfangs (**nicht gemeint ist die aus gebogenen Linien bestehende Anzeige des W-LAN Netzes!**) angezeigt wird, nun das Symbol eines Flugzeugs. Ist dieses Symbol sichtbar, können Sie auch sicher sein, dass die Verbindung ins Internet nicht mehr über die teure SIM-Kartenverbindung erfolgt, sondern ausschließlich über W-LAN.

Bekanntlich steckt so mancher Defektteufel meist im Detail, daher können Sie zum doppelten Absichern einen Probeanruf, egal mit wem, durch wählen einer **Telefonnummer** wagen! Ist der Flugzeug-Modus tatsächlich aktiv, dann können Sie keine Telefonverbindung mehr aufbauen. Gesprächsverbindungen über W-LAN unter zu Hilfenahme von Apps wie Skype, Viber, WhatsApp usw. funktionieren trotzdem noch, da sie ausschließlich das Internet zum Gesprächsaufbau verwenden. Eine praktische Sache, wenn Ihr Hotel Ihnen gebührenfreies W-LAN zur Verfügung stellt!

Zum Abschluss sollten wir noch kurz den Unterschied zwischen einer **Internetadresse** und der **Internetsuche** abklären. Die Differenzierung ist beim Lesen der Begriffe zwar schlüssig und die Anwendung irgendwie selbstverständlich, allerdings habe ich mehrfach beobachtet, dass es am Computer oder eben auch am Smartphone dann doch nicht mehr so banal zu sein scheint.

Sie können an Ihrem Smartphone den entsprechenden Browser durch einfaches antippen öffnen. „Das will ich, da zeig ich drauf!" Je nach Hersteller heißen diese Programme Microsoft Edge-Browser, Safari-Browser, Google Chrome-Browser, Opera, usw.

Durch Antippen des jeweiligen Browsers öffnet sich das bildschirmfüllende Browserfenster. Mit dem Ausdruck Browserfenster will man Ihnen vermitteln, dass alles was in diesem „Fenster", dem scheinbar eingerahmten Bereich, abgewickelt wird, zu dem Programm des Microsoft Edge-Browser, Safari-Browser, Google-Chrome-Browser, Opera usw. gehört. Sie können nun an der Adresszeile (http://…) erkennen, dass Sie mit dem Internet in Kontakt stehen, andernfalls meldet Ihr Smartphone, dass gegenwärtig keine Verbindung besteht – diese Meldung können Sie aus Jux provozieren, indem Sie Ihr Mobiltelefon in den Flugzeug-Modus versetzen und im Anschluss versuchen mit Hilfe des Browsers eine Seite im Internet zu erreichen.

Alle Internetadressen beginnen mit dem Kürzel „http://" gefolgt von einem „www"-Kürzel, das für „World Wide Web" steht und nichts Anderes als „weltumspannendes Netz" bedeutet. Bei manchen Adressen fehlt das „www"-Kürzel, was Ihnen aber egal sein kann. Sie müssen nur wissen „http://", aha, eine Internetadresse! Nach dem „www"-Kürzel folgt ein Punkt, „.", der wichtig ist und dann die eigentliche Adresse. Die Adresse ist wiederum mit einem weiteren Punkt „." vom Ende getrennt. Am Ende steht meist das Kürzel für den Ländercode („de" steht für Deutschland, „at" für Österreich [Austria] und „ch" für die Schweiz, usw.). Sie kennen diese Ländercodes bereits von echten Autokennzeichen.

Anstatt des Ländercodes kann bei Internetadressen auch der Hinweis auf den Zweck der Internetseite („com" für „commercial" [also für die kommerzielle Nutzung], „org" für Organisationen und „gov" für „government" [also von der Regierung bzw. vom Staat] usw.) angeführt sein. Die nächste Internetadresse, die Sie im Fernsehen oder in den Printmedien sehen werden, können Sie selbstständig aufschlüsseln und Vermutungen über den Zweck dieser Internetseite anstellen, denn Sie wissen, dass „http://www.wikipedia.de" nichts anderes als eine Adresse im Internet (http://) ist, die zu Deutschland „.de" gehört und

irgendetwas mit Wikipedia - eine Enzyklopädie, in der jeder
sein Wissen mit anderen teilen kann - zu tun haben muss.

Beim Besuch der Seiten „http://www.bing.de" oder „http://google.de" machen Sie nichts Anderes als in eine Art Bibliothek (Zentralregister) zu gehen, um dort nach einzelnen Seiten suchen zu lassen, von denen Sie weder die Seitenzahl, also die IP-Adresse, noch die Namensadresse kennen. Sie bemühen dort den/die Bibliothekar/-in und erklären ihm/ihr anhand von Schlagworten wonach Sie suchen.

Bei den Suchmaschinenanbietern „Bing" [Microsoft] und „Google" [Google] gehen Sie nach ähnlichem Schema wie in einer Bibliothek vor. Bei Bing und Google tippen Sie am effizientesten nur Schlag- bzw. Stichwörter in das Suchfeld, das Sie am Lupensymbol erkennen können, ein.

Durch das Eintippen von ausschließlich Schlag- bzw. Stichwörtern anstelle ganzer Sätze können Sie vermeiden, dass die Suchroboter, unsere digitalen Bibliothekare, auf eine falsche Fährte geschickt werden. Natürlich macht es nichts, wenn Sie dennoch ganze Sätze in das Suchfeld, jener Bereich seitlich der Lupe, eintippen. Allerdings, da bin ich mir sicher, werden Sie ebenso rasch, wie es meine Frau mit mir gelernt hat, dazu übergehen exakte Anweisungen zu formulieren.

Nehmen wir an, dass wir ein bisschen Geld angespart haben und unsere Stadtwohnung gegen ein kleines Landhaus eintauschen wollen. Wir haben auch schon recht klare Vorstellungen wo und wie. Leider konnten wir gegenwärtig noch nicht in Erfahrung bringen, ob in unserer zukünftigen Wahlheimat überhaupt Häuser zum Verkauf stehen. Wir befragen also die Bibliothekare von Bing und Google. Anstelle des Satzes „Gibt es Häuser in 21709 Himmelpforten zu kaufen?" wollen wir nur Schlagworte eintippen (weniger ist manchmal mehr). Das Wichtigste ist für uns, dass die **Mehrheit der Ergebnisse** die Ortschaft Himmelpforten betreffen wird, daher tippen wir **als erstes** „21709 Himmelpforten" ein. Uns interessiert der Immobilienmarkt, genauer, wir wollen ein Haus gegen eine Wohnung tauschen, daher formulieren wir als nächstes „Haus", „Tausch" und „Stadtwohnung". Ihre Sucheingabe sollte nun folgendermaßen aussehen: „21709 Himmelpforten Haus Tausch Stadtwohnung".

Das sollte genügen, um ein paar nützliche Ergebnisse zu erhalten. Sind Sie dennoch nicht zufrieden, versuchen Sie es zunächst mit einer Variation in der Reihenfolge der Schlagwörter oder verwenden Sie andere, manchmal auch weniger präzise beschreibende Begriffe. Übung macht den Meister! Mit der Zeit erlernen Sie ganz von selbst die für Sie effizienteste Methode. Ein rasches Erfolgserlebnis können

Sie schon jetzt erzielen, indem Sie nach Internetadressen Ihrer Hobbys oder nach Problemlösungen, Zeitungen, Kochrezepten oder wohin auch immer Ihre Neugier Sie führen wird, suchen. Wenn Sie es sich vorstellen können, dann ist bei 8 Milliarden Menschen, wovon über 1,2 Milliarden einen Zugang zum Internet haben, die Wahrscheinlichkeit auch sehr groß, dass vor Ihnen jemand eine Internetseite oder zumindest einen Artikel auf einer Internetseite zum Thema veröffentlicht hat. Nur zu, probieren Sie es einfach auf „gut Glück" aus!

Beim Thema Glück wollen wir auch gleich anknüpfen. Ich darf Sie ganz unverschämt fragen, wie oft haben Sie in letzter Zeit einen Anruf verpasst oder ein SMS beim Eintreffen nicht sofort gelesen?

Das Benachrichtigungscenter

Hihi, entschuldigen Sie bitte, wenn ich kichern muss, aber die Erinnerung an eine alte Bekannte aus Bayern löst bei mir fast immer ein herzhaftes Schmunzeln aus. Wahrscheinlich hätte sie auf meine Frage das Gespräch mit jenen zwei Wörtern begonnen, mit denen Sie fast immer ein Gespräch beginnt, mit „jo mei".

Die Entwickler der Mobiltelefone haben sich diesbezüglich ebenfalls ihre Gedanken gemacht, aber statt eines simplen „jo mei" kamen diese zu dem Schluss, dass es immer Gelegenheiten geben wird, bei denen das Mobiltelefon nicht griffbereit sein wird. Auf die revolutionäre Idee des „hallo, ich sitze gerade am Klo und lass dich an meinem…" kam vor ein paar Jahren offensichtlich niemand. Deshalb entwickelten findige Ingenieure zunächst einen Vorläufer des heute üblichen Benachrichtigungscenters.

Anfangs meinten es manche Ingenieure nur allzu gut und schossen ein wenig über das gesetzte Ziel hinaus. Als Indiz für ein Versäumnis ließen sie das Mobiltelefon-Display aufflackern. Beim Gedanken an die damals äußerst schwachen Akkukapazitäten macht sich bei mir, in Anbetracht dieser Vorgehensweise, bestenfalls eine seltsame Kamikaze-Euphorie breit. Es dauerte deshalb auch nicht allzu lange bis eine Weiterentwicklung, ein blinkendes und akkuschonendes LED-Licht, eingeführt wurde.

Manche Smartphone-Hersteller haben inzwischen das LED-Signallicht wieder ad Acta gelegt. Andere wiederum überlassen es der Vorliebe der Nutzer wenigstens das LED-Licht des Kamerablitzes als Signallicht verwenden zu können.

Vor einigen Jahren war ein blinkendes Signallicht als Hinweis auf ein Versäumnis völlig ausreichend. Der Mobiltelefonbesitzer wusste, dass er entweder einen Anruf oder eine SMS verpasst hatte.

Ihr Smartphone kann aber mehr als nur Telefongespräche vermitteln und SMS bzw. MMS senden und empfangen. Viele Nutzer sind dazu übergangen Ihre E-Mails an das Smartphone weiterleiten zu lassen (normalerweise ein kostenloser Service, abgesehen davon, dass Sie eine Internetverbindung benötigen). Andere wiederum verwenden statt des traditionellen SMS-Dienstes ausschließlich Apps wie WhatsApp oder Telegram als Kurznachrichtendienst. Sie können erkennen worauf dies hinausläuft?

An Ihrem Smartphone musste daher ein Ort geschaffen werden, der leicht zugänglich sein und der Ihnen trotz der Informationsfülle den Überblick sicherstellen würde. Die

Idee eines Benachrichtigungscenters war geboren. Dieses können Sie mit einem simplen wischen vom oberen zum unteren Bildschirmrand aufrufen.

1. Berühren Sie mit Ihrem Finger am oberen Bildschirmrand das Glas und putzen/swipen Sie herab.

2. Sobald Sie mit Ihrem Finger das erste Drittel bis in etwa die Hälfte des Bildschirms überschritten haben, sollte sich das Benachrichtigungscenter von selbst „entfalten" (d.h., Sie können unter Umständen vorzeitig Ihren Finger vom Bildschirm nehmen).

Im Benachrichtigungscenter werden Sie neben den verschiedenen Benachrichtigungen wie „Anruf in Abwesenheit", „ungelesene SMS bzw. WhatsApp-/Telegram-Nachrichten" und „ungelesene E-Mails" auch Benachrichtigungen von diversen anderen Apps wie zum Beispiel Spiele-Apps finden. Soziale Netzwerke wie Facebook, Google+, Twitter und Co. als auch Wetter-Apps, die vor einer Sturmfront warnen können, werden für Sie die jeweiligen Meldungen ebenfalls im Benachrichtigungscenter ablegen.

Außerdem prüft Ihr Smartphone in regelmäßigen Abständen auf zur Verfügung stehende Smartphone-Updates (sprich: abdeht). Unter diesem Begriff werden Aktualisierungen verstanden, die aufgetretene, dem Hersteller bekannte, Fehlfunktionen ausbügeln und Ihrem Smartphone mitunter sogar neue Funktionen spendieren sollen.

Folgen Sie den Schritten der zuvor gezeigten Abbildung und werfen Sie einen Blick auf das Benachrichtigungscenter Ihres Smartphone-Herstellers. Da das Benachrichtigungscenter eine geordnete Struktur in das Informationsdurcheinander bringt, muss es immer zugänglich sein. Aus diesem Grund wird Ihnen jederzeit der Blick darauf durch die oben geschilderte Geste ermöglicht.

Ihr Smartphone bringt mit Hilfe des Benachrichtigungscenters Ordnung in die chaotische Informationsflut Ihres Alltags. In diesem Punkt wollen wir dem Smartphone in nichts nachstehen.

Lassen Sie uns also einen kurzen Blick auf die schematisch dargestellten Kommunikationswege eines Smartphones werfen. Unter dem Punkt **„GSM"** wollen wir **alle Verbindungen via SIM-Karte** verstehen. Dazu zählt eben nicht nur GSM selbst, sondern auch seine Nachfolger UMTS, HSDPA und die aktuell teuerste Form LTE (weil LTE am meisten Information in kürzester Zeit transportieren kann – „megasauschnelles Internet" eben). Vor allem die ungefähren Distanzen von Bluetooth und W-LAN sollten Sie sich merken, da diese am wahrscheinlichsten eine Rolle in Ihrem Alltag spielen werden. Die maximale Reichweite entspricht immer nur den Werten unter Idealbedingungen. Diese Werte sind also nur dann erreichbar, wenn zum Beispiel kein Wind weht oder kein Hindernis zwischen Sender und Empfänger liegt, außerdem müssen die Lufttemperatur und Luftfeuchtigkeit optimal sein oder haben Sie schon mal einen Indianer gesehen, der bei stürmischem Regen Rauchsignale gibt? Unter Idealbedingungen schafft er 2 Rauchzeichen alle 3 bis 5 Minuten. Meistens weht aber ein Wind oder es ärgern ihn seine Stammesbrüder, in dem sie stark rauchenden Zunder in die Flammen werfen. Die aufsteigende Rauchsäule signalisiert...

Vielleicht gelingt es Ihnen beim Begriff „Infrarot" nicht nur an die Infrarot-Wärmelampen, sondern auch an den Frust mit Ihrer TV-Fernbedienung zu denken, der sich immer dann breit macht, wenn zum X. mal eine hübsche Programmunterbrechung zwischen Ihnen und Ihrem TV-Gerät steht - damit dürfte Ihnen auch rasch klar sein wie weit Infrarot reicht (von der Couch bis zum Fernsehapparat – für den *extralangen „Umweg"*, am Hintern Ihres/Ihrer Partner/-in vorbei, reicht die Energie, die eine Infrarotübertragung zur Verfügung stellt, meist nicht mehr aus).

Infrarot	Bluetooth	W-LAN	GSM	GPS
(veraltet)	König Blauzahn	(Wireless Local Area Network)	(Global System for Mobile Communication) UMTS/HSDPA/LTE	(Global Positioning System)
wenige Meter	max.10 Meter	max.100 Meter	um 20km	via Satelliten
z.B. Austausch von Kontakten, Wechseln des TV-Programms,...	z.B. kabellose Telefonie mit Kopfhörern, Musikübertragung, Teilen von Medieninhalten,...	Internetzugang(Skype, WhatsApp, Viber,...) aber auch Filesharing(darunter versteht man den Austausch von Medieninhalten zwischen mindestens 2 Geräten)	Sprachtelefonie, Kurznachrichten (SMS/MMS) Internetzugang (Skype, WhatsApp, Viber,...)	zur Positionsbestimmung, für die Navigation(Auto-/Fußgänger-Navi) am Smartphone

3-5m 5-10m 50-100m 20-30km extraterrestrisch

Sicherheit? Aja, da war noch was

Ihr Mobiltelefon ist im Laufe der Zeit nicht nur zum kleinen Alleskönner herangereift, sondern tatsächlich auch kurz davor sich zu jenem Instrument zu entwickeln, welches uns die Industrie vor nicht allzu langer Zeit versprochen hatte – zu einem digitalen Butler!

Dieser Butler ist im Gegensatz zu einem analogen Butler darauf trainiert Informationshäppchen statt einer Informationswurst zu verarbeiten. Der Mehrwert, der dabei entsteht ist Teil der „digitalen Revolution" und inzwischen in allen Bereichen unseres Alltags gegenwärtig geworden. Während **„analog"** immer nur eine *Informationswurst* nacheinander entgegennehmen und verarbeiten kann („exklusive" Telefonleitung), kann Ihr **digitaler** Butler viele **verschiedene Informationen sogar in chaotischer Reihenfolge** entgegennehmen (Datenpakete auf der „Reise" durchs Internet)! Dies funktioniert deshalb, weil die Informationshäppchen genau wie Postpakete mit Absender und Adressat markiert sind und eine definierte Größe haben müssen.

Lassen Sie uns nochmals einen kurzen Blick auf die Autoindustrie werfen. Für das nächste Automodell, das wir auf den Markt bringen wollen, benötigen wir neuartige Sommer- und Winterreifen. Reifen „von der Stange" können wir auf Grund des gewagten Designs nicht heranziehen. Wir entschließen uns deshalb zwei verschiedene Varianten der Reifenherstellung zu testen bevor wir die Massenproduktion einleiten werden. Unser erster Versuch soll „analog" sein. Wir werden zunächst alle Sommerreifen fertigen lassen und im Anschluss alle Winterreifen. Somit befördert unser Fließband zuerst alle Sommerreifen, ohne Abstand zwischen den einzelnen Reifen, zur Lagerhalle für Sommerreifen und im Anschluss alle Winterreifen ins Lager für die Winterreifen. Wir wissen, dass unsere Testserie aus 200 Reifen pro Saison besteht, daher lassen wir von einer Maschine die Reifen auf dem Auslieferungsfließband zählen. Beim hundertneunundneunzigsten Reifen werden wir kontrollieren müssen, ob die Maschinen die Winterreifen auch ins korrekte Lager befördern werden.

Bei der zweiten Variante wollen wir uns die Digitaltechnik zu Nutze machen. Wir werden Sommer- und Winterreifen gleichzeitig anfertigen und diese jeweils mit einem, der Saison entsprechendem, verschiedenfarbigen Punkt markieren. Die Reifen lassen wir dann über dasselbe Förderband in die entsprechenden Lager liefern. Auf diesem befinden sich also abwechselnd Sommer- und Winterreifen ohne Abstand dazwischen. Anhand der Farbmarkierung können wir in den jeweiligen Lagern sofort erkennen, ob jeder Reifen im richtigen Lager gelandet ist, außerdem haben wir viel Zeit in der Produktion gespart! Während bei der analogen Variante die Produktion der Winterreifen bis zum Ende der Produktion der Sommerreifen stillstehen musste (das Förderband war „exklusiv" für den Abtransport der Sommerreifen reserviert), konnten wir in der digitalen Variante gleichzeitig beide Reifentypen produzieren und im jeweils richtigen Lager ablegen. Einen „Stau" auf dem Fließband konnten wir durch die Erhöhung der Fließbandgeschwindigkeit vermeiden. Unser Chef wird sicherlich stolz auf uns sein!

Der digitale Butler ist also eine Art Verarbeitungsgenie. Er kann seine Arbeit aber nur dann herausragend erledigen, wenn er möglichst viele Informationen über die zu betreuende Person besitzt und diese Informationen zu einem Gesamtbild zusammensetzen kann.

Gewisse Verhaltenseigenarten sind einem selbst gar nicht so bewusst. Erst das verzweifelte Gemecker der Hausziege lässt einem all die kleinen Fehler, die man sich als Junggeselle über die Jahre hinweg mühevoll und wohlgefällig anerzogen hatte, bewusstwerden. Vor der Ehe hatte ich nichts zu verbergen und jetzt schon gar nicht. Trotzdem sollten wir uns ein paar Dinge durch den Kopf gehen lassen.

Falls Ihr altes Mobiltelefon noch funktionsfähig ist und noch Daten darauf gespeichert sind, nehmen Sie es bitte zur Hand und gehen Sie zum Abschied all die liebgewonnenen Menüs und Untermenüs ein letztes Mal durch. Fällt Ihnen dabei was auf? Da sind Sachen dabei, die Sie schon längst vergessen hatten und vielleicht sogar ein, zwei Sachen für die Sie sich immer noch schämen? Nein? Sicher nicht?

Was wäre, wenn durch einen dummen Zufall Ihr/e Nachbar/-in Ihr Mobiltelefon aus dem Müll angeln würde und hinter Ihrem Rücken durch Ihr Privatleben stöbern würde? Wäre das Okay für Sie?

Sehen Sie, Sie haben, genau wie ich, doch ein wenig zu verbergen! Eigentlich dachte ich auch, dass ich absolut nichts zu verbergen hätte, bis sich eines Tages folgende Gedanken auf Grund des Denkanstoßes eines geistig einbahnfahrenden Arbeitskollegen in meinem dunklen Geist ausbreiteten.

Als 1933 Adolf Hitler in Deutschland die Macht übernahm, da hatte die Mehrheit der deutschen Bevölkerung nichts zu verbergen. Fünf Jahre später wurde Österreich Teil des Dritten Reichs. Auch in diesem Schicksalsjahr, 1938, hatte die Mehrheit der deutschen und nun auch österreichischen Bevölkerung nichts zu verbergen. Selbst als das Dritte Reich im Juni 1940 Paris erobert und den vom deutschen Volk als Schmach empfundenen „Friedensvertrag" von Saint-Germaint (bzw. von Versailles) nichtig gemacht hatte, hatte die Mehrheit der *Reichsbürger/-innen* absolut nichts zu verbergen.

Was glauben Sie welche Haltung zu diesem Thema im Untergegangen Dritten Reich nach 1945, nachdem die U.S.A. in Hiroshima und Nagasaki **zwei** Atombomben **gegen die japanische Zivilbevölkerung** eingesetzt hatte, vorherrschend war? Glauben Sie nicht auch, dass damals die Menschen nun sehr wohl „etwas" zu verbergen hatten?

Mit diesen düsteren Gedanken wurde mir erstmals klar, dass nicht ich entscheiden werde, ob ich was zu verbergen habe, sondern machthungrige Egozentriker.

Nehmen wir einmal hypothetisch an, dass Sie 1920, also in den Nachkriegsjahren des 1. Weltkriegs, in der Weimarer Republik geboren worden wären. Als Hitler im Jahr 1933 an die Macht kam, waren Sie 13 Jahre jung und wuchsen gerade zur hübschen Frau oder zum jungen Mann heran. In den wichtigsten Jahren Ihres Lebens lehrte Ihre Umwelt Ihnen nur den politischen Weg der Nationalsozialisten und die „Tatsache", dass alle Welt Hitler vergötterte. (Anmerkung des Autors: Tatsächlich gab es von Anfang an starken **innerpolitischen Widerstand** gegen den Nationalsozialismus und seine auffallend **seltsam anmutende rassistische Ideologie**, die die Bevölkerung bis zuletzt kaum nachvollziehen konnte – *wirtschaftliche und militärische „Erfolge" der Hitler-Clique waren wohl die einzigen Faktoren, die die Mehrheit der Bürger/-innen im Nichtinformationszeitalter innenpolitisch beschwichtigten[?]*)

6 Jahre später, mit Beginn des Zweiten Weltkriegs, waren Sie 19 und in körperlich bester Verfassung, ideal für den Einsatz an oder auch für die Front. Weitere 6 Jahre später konnten Sie von Glück reden, wenn Sie den 2. Weltkrieg überlebt hatten. Sie waren erst 25 als Ihnen die Siegermächte in Umerziehungslagern erklärten was für ein Monster bzw. Nazigesindel Sie eigentlich waren. All die Jahre bis zum Kriegsende hatten Sie nie wirklich etwas zu verbergen! **Vergessen Sie das bitte nie, denn es ist um Ihrer Gesundheit Willen wichtig, dass Sie Ihr Privatleben mit allen Ihnen zur Verfügung stehenden Mitteln schützen.** Wer weiß schon wann uns Zivilisten der nächste Krieg aufgehalst werden wird?! Nicht Sie entscheiden, ob Sie was zu verbergen haben und auch ich habe darüber keine *echte* Entscheidungsgewalt!

Leider gibt es Menschen, die sich dieses *„Recht"*, uns in Gut und Böse zu katalogisieren, herausnehmen und über uns, nach **DEREN WERTEVORSTELLUNG**, urteilen. Dabei spielt es für diese Ideologen keine Rolle, ob wir damit einverstanden oder nicht einverstanden sind. Aus deren Sicht ist diese Entscheidung nicht Teil unseres Grundrechts. Deren Welt ist schwarzweiß, Graustufen suchen sie dort vergebens

Bei Matthäus [12:30] heißt es: Wer nicht für mich ist, der ist gegen mich; wer nicht mit mir sammelt, der zerstreut. – Eine religiöse Lehre, die der damalige U.S. Präsident George W. Bush jr. nach DEM Live-Fernsehspektakel des 21. Jahrhunderts geschickt für seinen Antiterrorkampf zu manipulieren verstand. Bush drohte in seiner Antiterrorkampfrede vom 20. September 2001 vor dem amerikanischen Kongress, „jede Nation, in jeder Region, muss nun eine Entscheidung treffen. Entweder Ihr seid mit uns oder Ihr seid mit den Terroristen".

Eine widerstandslose Aufgabe unserer Privatsphäre macht uns zum freiwilligen Sündenbockregister, aus dem ein solcher gezogen werden kann, wann immer ein Sündenbock als Ursache einer fehlgeleiteten Politik benötigt wird. Wir

Zivilisten sind es, die dann die Suppe anderer auslöffeln müssen, ganz egal wie gesalzen das Süppchen ist!

Sie sollten deshalb wissen, dass bereits Ihr erstes Mobiltelefon Daten über Sie gesammelt hat. Allerdings gab es zu keinem Zeitpunkt der Menschheitsgeschichte einen derart intimen Einblick in Ihre Art zu denken und zu handeln als dies seit der Massenvermarktung der Smartphones möglich geworden ist.

Neben Ihren Internetgewohnheiten können, dem Smartphone sei Dank, auch sehr genaue Bewegungsprofile (teilweise auf den Meter genau!) von Ihnen gesammelt und ausgewertet werden. Falls Sie glauben, dass wird Niemanden interessieren, weil Sie ja nur ein/e kleine/r Arbeitnehmer/-in sind, dann muss ich Sie leider enttäuschen.

Ihr Smartphone-Hersteller sammelt und wertet Ihre Daten nur allzu gerne aus, damit er seine Produkte für Sie als auch für andere Konsumenten „verbessern" kann. Ganz nebenbei fallen dadurch auch erstaunlich exakte Profile ganzer Bevölkerungsschichten, über Regionen und Staatsgrenzen hinweg, an. Lokale Vorlieben der Bevölkerung können so ausgewertet werden und gezielt Werbeangebote an Sie versendet werden. Können Sie sich noch an die „sanfte Bevormundung" erinnern? Noch flüstert Ihnen die „sanfte

Bevormundung" nur wohlgefällig „kauf mich" zu. Wissen Sie wohin die Datensammelwut uns führen werden wird?

Ein Indiz und auch einen konkreten Vorgeschmack lieferten die Enthüllungen des Amerikaners Eduard Snowden, der freiwillig (!) Wohlstand, Sicherheit und ein Leben in unbeschwerter Freiheit gegen Verfolgung und ein Leben in ständiger Angst eingetauscht hat. Snowden tat dies um uns zu zeigen wie schlimm es tatsächlich um unsere demokratischen Werte bestellt ist. Seine erschreckenden Berichte über die Gier und den Machthunger, vor allem des amerikanischen, des britischen als auch des israelischen Geheimdienstes hätte uns Bürger aus unseren warmen Wohnzimmern aufscheuchen müssen, stattdessen wurde der NSA-Skandal zum Paradebeispiel einer egozentrisch gewandelten Gesellschaft, die nur dann Handlungsbedarf sieht, wenn sie einerseits die Kausalzusammenhänge erkennen kann und anderseits selbst davon betroffen ist.

Die angesprochenen Geheimdienste traten demokratische Werte mit Füßen und unterwanderten Gesetze, die eigentlich den Schutz der Demokratie garantieren sollten, dennoch blieben die Bürger weltweit vom Opium eines scheinbar fortwährenden Konsumrauschs wie betäubt paralysiert.

In einer Epoche, in der wir irrtümlicherweise
größtmögliche Sicherheit für uns erkannt haben wollen,
sind wir ohne wachsame Augen schutzlos und verletzlich
geworden. Es ist daher nur eine Frage der Zeit bis wir
wieder eine gesalzene Suppe auslöffeln werden müssen.

Bereits jetzt werden perfide Methoden zum Machterhalt gegen uns eingesetzt. Dazu gehört die **Manipulation** medialer Berichterstattung (siehe Nahostkonflikt), die **Diskreditierung** von argumentativ operierenden Systemkritikern (siehe Peter Scholl-Latour und seine Ansichten zum Irakkrieg) und die **Industriespionage** im ganz großen Stil! Unter dem Deckmantel der Terrorismusbekämpfung (siehe NSA-BND-Skandal) wird schamlos von privaten Unternehmen Knowhow regelrecht gestohlen, während die Mehrheit der Bürger/-innen jegliche Solidarität mit Ihren Arbeitgebern vergessen zu haben scheint und gleichgültig, selbstgefällig und dennoch unzufrieden in die Propagandamaschine Nummer Eins stiert. **UNSERE** Unternehmen (**UNSERE** Arbeitgeber) werden ausspioniert, aber die Arbeitnehmer interessiert es scheinbar nicht im Geringsten, da sie mit ihrem Alltag nur mäßig im Reinen sind. Können Sie erkennen wie brandgefährlich diese Situation unter der Oberfläche bereits geworden ist? Solange die Gitterstäbe noch goldfarben glänzen, wird auch die Bevölkerungsmehrheit ihr zielloses *dahinsiechen* stoisch hinnehmen. Mit dem Schicksalstag, an dem der „Lack" in großen Stücken abblättern wird, wird vielleicht noch ein letztes Aufbäumen innerhalb der Bevölkerung vernehmbar sein – schlichtweg viel zu spät!

Warum der Staat, gegen Ihr Recht auf Privatsphäre (Artikel 8 der Menschenrechtskonvention), ein Recht haben muss durch die sogenannte „Vorratsdatenspeicherung" **prophylaktisch (!)** in Ihre Intimsphäre eindringen zu können ist mir nicht schlüssig. All die Jahrzehnte funktionierte unser Miteinander ohne gravierende Menschenrechtsverletzung reibungslos, da wir uns gegenseitig geachtet und respektiert hatten. Es gab keine muslimischen Attentate in Europa, weil wir den Islam nicht im Rahmen gesetzestreuer Redefreiheit mit Mohammed-Karikaturen demütigten. Das Sicherheitsargument, das der Totalüberwachung ein argumentatives Fundament bauen soll, will ich nicht gelten lassen, da gegenseitiger Respekt, gemeinsames Wirtschaften und **faire** Partnerschaften bei weitem die angebrachteren Lösungen **für uns alle** sind.

Die Vorratsdatenspeicherung erhöht nicht unsere Sicherheit, sondern setzt diese mit der totalitären Archivierung aller Momente einer Gesellschaft leichtfertig aufs Spiel! (siehe beispielsweise „Spiegel.de": **Behördenpanne: Datenschutz-Skandal blamiert Regierung Brown**, *von Sebastian Borger, London [21.11.2007]*)

Dabei werden Profile von Ihnen und Ihrem Kommunikationsverhalten als auch von Ihrem Alltag erstellt und auf Vorrat archiviert. Von der herausragenden Qualität dieser Profile können Sie sich mit dem Videobeitrag, „Malte Spitz – Ihre Telefongesellschaft beobachtet Sie", selbst überzeugen. Der deutsche Staatsbürger und Parteibeirat (Bündnis 90/Die Grünen) Malte Spitz hat zusammen mit „Zeit Online" diese Daten ausgewertet und graphisch darstellen lassen.

„Malte Spitz – Ihre Telefongesellschaft beobachtet Sie",

veröffentlicht, Juni '12.

Quelle:

https://www.ted.com/talks/malte_spitz_your_phone_company_is_watch

ing?language=de

[zuletzt überprüft am 19.04.2016]

Herr Spitz forderte als Kunde der Deutschen Telekom die Herausgabe jener Daten, die die Telefongesellschaft auf Grund der E.U. Richtlinie zur Vorratsdatenspeicherung von ihm und seiner Mobiltelefonnutzung gesammelt und gespeichert hatte. Da sich die Telefongesellschaft zunächst nur wenig kooperationsbereit zeigte, zog Herr Spitz mit „Erfolg" vor Gericht (Reformen in der E.U.-Gesetzgebung führten schließlich zur außergerichtlichen Einigung). Er erhielt für den Zeitraum der gesetzlich vorgeschriebenen Mindestdauer von 6 Monaten Vorratsspeicherung 35.830 (!) *Zeilen* Code.

Lassen Sie uns die nachfolgende Rechenaufgabe vereinfachen und die Dauer eines Monats auf durchschnittlich 30 Tage festlegen und mit 6 multiplizieren, wodurch wir 180 Tage erhalten. Jeder Tag hat 24 Stunden, daher wollen wir 180 mit 24 multiplizieren. Das *grob überschlagene* Ergebnis ergibt 4.320 Stunden für den Zeitraum von 6 Monate. Eine Stunde besteht aus 60 Minuten, deshalb multiplizieren wir 4.320 mit 60. Wir erhalten nun den Durchschnittswert von 259.200 Minuten für den ausgewiesenen Zeitraum. Lassen Sie uns jetzt die Anzahl der Minuten (259.200) durch die Anzahl der Zeilen Code (35.830) teilen, damit wir in Erfahrung bringen können in welchem zeitlichen Abstand eine *Zeile* Code vollgeschrieben wurde.

Daraus folgt der Wert von 7,23 Minuten (Vorsicht: „23" entspricht nicht 23 Sekunden, sondern einer Viertelminute, dementsprechend also nicht ganz 15 Sekunden!). Dieser Wert verrät uns, dass bei einem *durchschnittlichen* Mobiltelefonnutzer in etwa alle 7 Minuten eine *Zeile* Code vollgeschrieben wird – rund um die Uhr und übers ganze Jahr!

Falls Sie Schwierigkeiten haben das Video im Internet anzusehen, dann bitten Sie jemand aus dem Bekanntenkreis um Hilfe. Glauben Sie mir, es lohnt sich!

Das Erstellen von Bevölkerungsprofilen hört sich recht harmlos an. Außerdem beteuern alle nur unser Bestes zu wollen. Weder die Netzbetreiber wollen Ihre Daten zweckentfremdet missbrauchen und schon gar nicht Vater Staat, der unsere Gewohnheiten ausschließlich zu unserem Schutz sammeln lässt. Friede, Freude, Eierkuchen oder was meinen Sie? Das beängstigende Beispiel vom Dritten Reich hängt Ihnen doch nicht mehr in den Kniekehlen, oder etwa doch???

Das ist doch schon über fünfzig Jahre her – sowas kann heute nicht mehr passieren? Falls doch, dann in Afrika, Indien oder eben in einem Land, das nicht so hochentwickelt und demokratisch ist wie unseres? Grrr, sag ich nur! Sie liegen fast richtig, aber „fast" mögen nicht mal die Damen, die für die Bikini-Saison „fasten" müssen.

Mama Mia! Denken Sie an Papa Berlusconi. Silvio Berlusconi, der König unter den *-räuspern-*Ministerpräsidenten, … Sie wissen schon. Jedenfalls ist Berlusconi in einem demokratischen Italien, übrigens genau wie Stummelbärtchen Hitler in der Weimarer Republik, an die politische Spitze getreten. Wir reden über denselben Berlusconi für den auf Grund seiner politischen Position und damit verbundener „diplomatischer Komplikationen" zahlreiche Gerichtsverfahren ausgesetzt wurden. Sogar die Steuerbetrug-Vorwürfe gegen ein spanisches Unternehmen, welches zum Zeitpunkt des vorgeworfenen Tatbestands zu Berlusconis Imperium zählte (auch Hitler hinterzog

Steuern!), wurden aus Rücksicht auf die diplomatischen Beziehungen zwischen Italien und Spanien juristisch „aufgeschoben". Holen Sie den Finger aus Afrika und Indien zurück, glauben Sie mir, wir brauchen diesen zu Hause mehr denn je! Auch bei uns ist das Risiko, dass Formen der Bigotterie jederzeit heimisch werden können, allgegenwärtig.

Zuallererst sichern alle Egozentriker ihren Machterhalt. Sie sorgen dafür, dass ihre einzigartige Position unantastbar bleibt. Dazu bedienen sie sich primitivster Methoden und „beseitigen" Regimegegner und im Allgemeinen auch kritisch-intellektuelle Stimmen.

Gegenwärtig sind Verschwörungstheoretiker-Vorwürfe die phantasieloseste und dennoch effizienteste Form zur Eliminierung regimekritischer Bürger, welche sich eigentlich für **UNSERE** demokratischen Werte einsetzen würden. Ich denke der Groschen ist nun ausreichend gefallen?

Kehren wir also zum Smartphone zurück. Was gilt es zu beachten?

Sie können nicht nur mit dem PIN-Code verhindern, dass jemand unter Ihrer Nummer und auf Ihre Kosten telefonieren kann, sondern auch mit einem Zahlen- oder Bild-Code verhindern, dass überhaupt jemand Ihr persönlichstes aller bisherigen Mobiltelefone in irgendeiner (schädigenden) Art und Weise benutzen kann - davon ausgenommen ist die Notruf-Funktion (!). Schreiben Sie den Code, den Sie für den Sperrbildschirm festlegen, nieder und um Himmels willen bewahren Sie die Notiz an einem sicheren Ort auf. Kein Code – kein Zutritt zum Smartphone. Bei manchen Herstellern bleibt dann nur noch die Option des Überspielens eines „frischen" Betriebssystems desselben Herstellers durch fachkundiges Personal, wodurch Ihre Daten vollständig gelöscht werden und somit verloren sind.

Mittlerweile geht der Trend in die zuvor geschilderte Richtung verschärfter Sicherheitsmaßnahmen. Das hat zur Folge, dass Sie beim Vergessen des Sperrbildschirmcodes Ihr Smartphone mit einer Rechnungskopie zum Hersteller in Reparatur schicken werden müssen.

Da Sie selbst dieses Problem verursacht haben, entspricht dies keinem Garantiefall. Nicht nur Ihre Daten sind weg, sondern Sie werden dafür auch noch *korrekterweise* zur Kassa gebeten werden. Den Sperr- bzw. Bild-Code können Sie nach eigenem Belieben speichern. Oftmals können Sie diese Änderungen im Menü „Einstellungen" unter den Bezeichnungen „Sperrbildschirm", „Display" oder „Sicherheit" vornehmen.

Außerdem bieten die Hersteller (meist) die Möglichkeit über deren Webauftritt, das ist die Internetseite des Herstellers, an, Ihr Smartphone überwachen zu lassen. Dadurch können Sie es bei Verlust orten und auf einer Karte anzeigen lassen. Falls der Akku Ihres Smartphones noch nicht aufgebraucht wurde, können Sie mit Hilfe des Internets Ihr Smartphone nachträglich mit einem selbstgewählten Code sperren oder falls Sie keine Hoffnung auf ein Wiedersehen haben, sogar komplett löschen!

Erkundigen Sie sich **nicht erst im Notfall** über diese Funktionen, sondern gehen Sie dem **jetzt** nach, in dem Sie sich über das Internet oder zumindest mit Hilfe von Bekannten informieren. Zu guter Letzt steht Ihnen noch der Fachhandel aufklärend beiseite!

Mobiltelefonwechsel

Ist die Zeit reif Ihr altes Mobiltelefon auszumustern, dann stellen Sie dieses auf Werkseinstellungen zurück und überprüfen Sie durch Einschalten, dies funktioniert in der Regel auch ohne SIM-Karte, ob tatsächlich alle Ihre Daten gelöscht wurden. Für die Bevölkerungsmehrheit wird nach dem Zurücksetzen auf Werkseinstellungen die Möglichkeit an Ihre persönlichen Informationen zu gelangen erfolgreich unterbunden worden sein. Allerdings ist für Profis einmal „alles löschen" keine ausreichende Schikane. Tatsächlich müssten Sie Ihr Mobiltelefon zunächst auf Werkseinstellungen zurücksetzen und im Anschluss den Speicher ohne eingesetzte Speicherkarte wieder füllen. Dies können Sie zum Beispiel durch Aufnahme eines Videos, bis Ihr Smartphone *„kein freier Speicherplatz vorhanden"* meldet, erreichen. Selbst dann gelingt es Experten immer noch genug verwertbare Daten über Sie zu sammeln. Deshalb, vorausgesetzt Sie wollen übergründlich sein, müssten Sie diese beiden Schritte, auf Werkseinstellungen zurücksetzen und Video aufnehmen, insgesamt dreimal wiederholen. Erst dann besteht selbst für Experten kaum mehr eine Möglichkeit etwas Brauchbares über Sie herauszufiltern.

Virenschutz

Je nach Hersteller benötigen Sie beim regelmäßigen Surfen auf unbekannten Internetseiten (also Seiten, die nicht von Konzernen bereitgestellt werden) ein Antivirenprogramm. Vor allem Käufer des Mobiltelefonbetriebssystems Android, welches Sie auf Smartphones namhafter Hersteller wie Motorola, Samsung, Sony, HTC, LG, Alcatel, Wiko, Huawei usw. finden, sollten sich über ein zweckerfüllendes Antivirenprogramm erkundigen. Soweit ich weiß, ist es nicht nötig dafür Bares auf den Tisch zu legen. Fragen Sie am besten technikverliebte Teenager um Hilfe, da man gewisse Dinge einfach nur durch beobachten und nachahmen sinnvoll lernen kann. Wozu braucht es überhaupt ein Antivirenprogramm?

Bis jetzt sind wir immer von Programmen ausgegangen mit denen Menschen anderen Menschen helfen. Leider gibt es auch Menschen, die scheinbar mehr Spaß am Leben haben, wenn sie ihren Mitbürgern selbiges versauern können. Sind diese Störenfriede zu allem Überdruss auch noch intelligent, kann es durchaus sein, dass aus einem kleinen Vorstadtgauner ein echter Ganove heranwächst. Dieser schreibt dann Programme, die sich zum Teil *absolut* unbemerkbar auf Ihrem Smartphone einnisten können. Unterm Strich kann Ihnen dadurch erheblicher Schaden entstehen. Zum Beispiel könnte Ihr Smartphone im seltenen Extremfall unbrauchbar werden, Ihre Telefonrechnung ins Unbezahlbare ansteigen oder Ihr Freundeskreis durch Trick-E-Mails/SMS, die automatisch und unbemerkt von Ihrem Smartphone aus versendet wurden, ordentlich über den Tisch gezogen werden. Ein Antivirenprogramm schützt Sie vor derartigen Schadprogrammen, die sich rasch ohne weiteres menschliches Zutun über das gesamte Internet ausbreiten können. Traditionell waren früher Computer das Hauptangriffsziel derartig hinterlistiger Attacken. Mit den Verwerfungen innerhalb der Branche, die weg vom Computer und hin zum Tablet und Smartphone führten, werden immer häufiger Laien mit dieser Problematik konfrontiert, die selbst Computerspezialisten ordentlich ins Schwitzen bringen kann.

Beim Kauf eines Smartphones der Hersteller Apple oder Microsoft (früher Nokia) benötigen Sie kein zusätzliches Antivirenprogramm. Die Geräte dieser Hersteller, nämlich das iPhone von Apple und die Lumia-Serie von Microsoft, wurden derart konzipiert, dass trotz Virenbefall nicht das gesamte Telefon Schaden nehmen kann. Mit anderen Worten werden bei diesen Mobiltelefonen mit dem Betriebssystem iOS und Windows (Phone) alle Apps bzw. alle anderen

Vorgänge durch eine Art Containerbauweise geschützt und verwaltet. Dadurch kann eine Ausbreitung eingedämmt und vor allem von vornherein verhindert werden. Mehr Details können Sie im Internet unter dem Schlagwort „Sandboxing" erfahren.

Kostenbremse

Suchen Sie die Filiale Ihres Netzbetreibers auf oder rufen Sie dessen (u.U. kostenpflichtige) Hotline an und erkundigen Sie sich nach einer Rechnungsobergrenze. Diese hat zur Folge, dass Ihre Telefonrechnung einen bestimmten Betrag pro Monat nicht übersteigen kann und nicht übersteigen darf. Sollte das Limit überschritten werden, wird Ihr Telefon (genauer, Ihre SIM-Karte) automatisch gesperrt werden. Es wird zwar eine einmalige Gebühr zur erneuten Freischaltung Ihrer SIM-Karte fällig werden, dafür hat die Höhe Ihrer Telefonrechnung nur einen „halben" Herzinfarkt anstelle eines sicheren Krankenhausaufenthalts ausgelöst. Bietet Ihr Netzbetreiber diesen Service nicht an, dann lassen Sie zumindest die Mehrwertnummern sperren. Mit dieser Sperre vermeiden Sie, dass „0190"-Nummern eine pulstreibende Telefonrechnung nach sich ziehen. Auch telefonische Radiogewinnspiele genauso wie Trick-SMS bzw. Trick-Anrufe, die versteckte Kosten mit sich bringen würden, werden dadurch erfolgreich unterbunden – eine feine Sache, vor allem als effektiver Schutz bei Kindern oder Teenagern im Haushalt!

In puncto Kindererziehung möchte ich Ihnen den mühsamen Weg der Aufklärung ans Herz legen. Erziehungsgespräche sind zweifelsohne nicht nur für Eltern eine echte Qual, sondern vor allem auch für die Mehrheit der Kinder. Dennoch ist es zunächst durchaus ratsamer eine Wertkarte, auch Prepaidkarte genannt, für Ihr Kind anzuschaffen und schrittweise Aufklärungsarbeit zu leisten. Diese Erziehungsmethode ist in meinen Augen in Anbetracht eines verantwortungsvollen Umgangs mit Informationselektronik, im Gegensatz zu einem vergleichsweise bequem handhabbaren Kinderkonto, das von manchen Smartphone-Herstellern angeboten wird, die pädagogisch wertvollere Herangehensweise.

Verbote fordern Kinder regelrecht heraus. Der ständige Kampf zwischen Eltern und Kindern um die Erweiterung des kindlichen Freiraums treibt den Bruch abgesteckter Grenzen „spielerisch" voran. Dabei können Sie mit Sicherheit darauf wetten, dass irgendein/e Freund/-in Ihres Kindes nicht denselben Verboten unterliegen wird. Mit anderen Worten kann Ihr Kind dort das Übertreten Ihrer abgesteckten Grenzen in vollen Zügen „genießen".

Stattdessen halte ich es für ratsamer, wenn Sie Ihr Kind auf Internetseiten mit Erwachseneninhalt hinweisen und auch vor Straftätern, die sich im Internet tummeln können, warnen. Bestrafen Sie Ihr Kind nicht, wenn es zu Ihnen kommt und Ihre Meinung hören will! Im Gegenteil, fördern Sie mit Belohnungen dieses Verhalten. Die Thematik mag zwar unangenehm sein, sie ist aber bei weitem das geringere Übel – denken Sie immer daran, wenn es mal wieder an die Grenzen Ihres Nervenkostüms gehen wird. Lassen Sie dennoch bei einem Mobiltelefonvertrag eine Kostenbremse und Sperre von Mehrwertnummern einrichten!

Fehlerquellen und Trauerfluss

Akku wird schnell leer

Vor einigen Jahren war Ihr Mobiltelefon tatsächlich nur zum Telefonieren da – heutzutage tragen Sie die Leistung Ihres 3 bis 5 Jahre alten Computers (!) in der Hosentasche mit sich herum. Der technische Sprung in dieser Hinsicht ist wahrlich gewaltig, die Anforderung an die Mobiltelefon-Akkus ebenfalls. Im Gegensatz zum angestiegenen Bedarf hat sich die verfügbare Kapazität der Akkus leider nur mäßig entwickelt. Einerseits liegt es daran, dass bis dato keine effizientere kostengünstigere Methode der Energiespeicherung gefunden wurde und anderseits, dass die Optimierung bestehender Verfahren nur mühselig voranschreitet. Außerdem gebietet der Schlankheitswahn des Supermodels „Cindy Smartphone" keine größeren bzw. schwereren Akkus in Mobiltelefonen. Im Internet werden Smartphone-Hersteller von Technologie-Magazinen regelrecht gemobbt, wenn ein schwergewichtiges Modell mit super Ausstattung feilgeboten wird. Besonders im sogenannten „High-End"-Bereich, womit Smartphones im Höchstpreissegment gemeint sind, wird von den Herstellern erwartet die eierlegende Wollmilchsau mit dem Gewicht eines Kolibris zu vertreiben. Kein Wunder also, wenn der Akku durch den Tag „röchelt". Seit der Smartphone-Ära gehört es zum alltäglichen Ritual abends die Zähne zu putzen, das Smartphone an die Steckdose anzuhängen und sich selbst ins Schlummerland zu verabschieden. Mit anderen Worten will ich besonders den junggebliebenen Lesern, die vor allem zu Beginn mit dieser Umstellung kämpfen, vermitteln, dass der Akku nicht defekt ist, wenn er täglich aufgeladen werden muss.

Was aber tun, wenn der Akku um Sieben Uhr morgens voll aufgeladen war und das Telefon bereits gegen Mittag seinen Dienst quittiert?

Haben Sie etwas an Ihrem Verhalten geändert?

Telefonieren Sie mehr als sonst? (ja, die Frage ist tatsächlich ernst gemeint)

Telefonieren Sie weniger oder erkundigen Sie sich über Smartphones mit stärkerem Akku – alternativ können Sie sich auch über eine „Powerbank", zu Deutsch Energie-Bank, informieren. In der Regel schlagen diese mit etwa 20,- bis 70,- Euro zu Buche und helfen Ihnen den Tag zu überbrücken. Tragbare Akkus werden wie Ihr Smartphone über Nacht aufgeladen und tagsüber samt Ladekabel mitgeführt. Im Notfall stecken Sie Ihr Smartphone an die Powerbank an und gaukeln ihm vor, dass es an einer herkömmlichen Steckdose angeschlossen ist (dies funktioniert auch mit Tablets). Beachten Sie beim Kauf einer Powerbank, dass deren Kapazität, die Kapazität Ihres Mobiltelefon-Akkus übersteigen muss. Steckt in Ihrem Smartphone ein Akku mit 2.000mAh (Milliamperestunden [sprich: milliampärstunden] – vergleichen Sie es mit wieviel Liter Wasser in eine Badewanne passen), dann benötigen Sie eine Powerbank mit 3.000mAh um Ihr Smartphone einmal vollständig aufladen zu können. Das liegt daran, dass 1/3 von der Gesamtkapazität als Wärmeverlust einkalkuliert werden muss (die Badewanne hat ein winziges Loch – nur bildlich gesprochen!). In unserem Beispiel werden 3.000 durch 3 dividiert was 1.000 ergibt. 3.000 minus 1.000 ergibt 2.000, also genau die Menge, die wir benötigen, um unseren Smartphone-Akku einmal voll aufladen zu können. Entdecken Sie im Fachhandel eine Powerbank mit einer besonders hohen Ladekapazität zu einem sensationell günstigen Preis, dann hat der Hersteller bei den Angaben nicht zwangsweise gelogen, sondern in Bezug auf die Kapazität ein wenig in die werbetechnische Trickkiste gegriffen. Eine Offerte von 50.000mAh für 23-, Euro, während die Mehrheit der Powerbank-Hersteller zwischen 4.000 bis 6.000mAh für 25,- Euro anbieten, ist ein starkes Indiz für ein süßes Dessert auf das man nach der Hauptmahlzeit doch besser verzichten hätte sollen. In diesem Fall würde ich den Kauf anderen überlassen!

Verwenden Sie neuerdings ein Bluetooth-Headset, also einen kabellosen Kopfhörer, oder die Bluetooth-Freisprecheinrichtung Ihres Autos für Telefonate?

Bluetooth-Verbindungen verbrauchen mehr Strom. Besonders alte Smartphones leiden unter dieser Tatsache, da bei diesen, ältere Bluetooth-Versionen (-Varianten) zum Einsatz kommen. Sie können auf Kopfhörer mit Kabel ausweichen oder zumindest nach dem Verlassen des Autos Bluetooth an Ihrem Smartphone abschalten. So wird unnötiger Standby-Stromverbrauch vermieden.

Haben Sie eine neue App installiert, die vielleicht ohne Ihr Wissen im Hintergrund arbeiten könnte? (Spiele, Wetter-App oder andere?)

Machen Sie die Installation rückgängig, in dem Sie auf „Deinstallieren" tippen und im Anschluss auf die Frage „wollen Sie die Anwendung wirklich löschen/deinstallieren" mit einem Ja Ihrer festen Überzeugung Ausdruck verleihen. Sollten die Akkuprobleme der Vergangenheit angehören, dann haben Sie den Übeltäter auf frischer Tat ertappt, falls nicht, heißt es weitersuchen.

Haben Sie eine Aktualisierung einer App oder gar des Telefons vorgenommen?

Je nach Betriebssystem [Android, iOS oder Windows (Phone)] können Aktualisierungen/Updates unter Umständen auch ohne komplette Deinstallation der App rückgängig gemacht werden. Falls Ihr Gerät dies nicht unterstützt, bleibt Ihnen nur eine Radikalkur und die komplette Deinstallation der suspekten App.

Besteht der Verdacht, dass die Akku-Probleme durch die Aktualisierung des Telefons verursacht wurden, dann sollten Sie in Erwägung ziehen Ihr Telefon auf Werkseinstellungen zurückzusetzen. Dies wird eine vollständige Löschung aller Ihrer Informationen auf dem Smartphone bewirken, daher – **sichern Sie zuvor unbedingt alle wichtigen Daten** und überprüfen Sie, ob die Sicherung erfolgreich war, bevor Sie das Zurücksetzen auf Werkseinstellungen in Gang setzen!

Wurde Ihr Smartphone in letzter Zeit sehr heiß (nicht nur beim Spielen)?

Falls Sie den Akkudeckel entfernen können und dadurch Einblick auf den Akku haben, führen Sie diese Schritte aus und sehen Sie sich den Akku genau an – wirkt er auf Sie wie eine aufgeblähte Packung Chips? In diesem Fall Finger weg vom Akku! **Verwenden Sie keinesfalls Ihr Smartphone. Falls es noch eingeschaltet sein sollte – schalten Sie es sofort aus und bewahren Sie Ihren „unter Druck/Spannung stehenden" Akku an einem kühlen feuerfesten Ort (also nicht in der Sonne oder im aufgeheizten Auto) auf.** Suchen Sie die Rechnung Ihres Smartphones und stellen Sie das Kaufdatum fest. Liegt das Kaufdatum unter 6 Monate, tauschen die meisten Hersteller die Akkus aus – Ihr Fachhandel kann Sie über die Details aufklären – nehmen Sie daher zum Nachweis den defekten Akku zusammen mit Ihrer Rechnung in den Fachhandel. Dort kann der defekte Akku auch fachgerecht und „umweltschonend" entsorgt werden.

Traten die Akkuprobleme nach längeren Aufenthalten bei Minusgraden auf?

Ihr Akku liefert Strom durch den Ablauf elektrochemischer Prozesse, die Sie in etwa mit dem Auflösen von Zucker in kaltem bzw. heißem Tee vergleichen können. Eine höhere Temperatur als die Vergleichstemperatur begünstigt den Auflösungsprozess des Zuckers (Sie können mehr Zucker zugeben bevor dieser einen Bodensatz bildet).

Auf Grund ähnlicher chemischer Prinzipien erzeugt Ihr Smartphone-Akku den heißbegehrten Strom. Es ist also vollkommen normal, dass der Akku bei niedrigeren Temperaturen weniger Leistung als gewohnt erbringt. Damit er seinen Dienst, wie vom Hersteller vorgesehen, verrichten kann, sollten Sie nach Möglichkeit Ihr Smartphone nicht über einen längeren Zeitraum Temperaturen unter $0°C$ aussetzen. Die gleiche Richtlinie gilt auch für zu hohe Temperaturen über $35°C$ bzw. bei direkter Sonnenexposition über einen längeren Zeitraum. Legen Sie nach einer Rückkehr aus der Kälte **auf keinen Fall** den Akku oder das Smartphone zur *schnelleren* Regeneration auf eine Heizung.

Ihr Smartphone-Akku erholt sich bei Zimmertemperatur auch ohne gutgemeinte Unterstützung rasch.

Sind Sie mehr als üblich mit Ihrem Smartphone unterwegs?

Damit Sie erreichbar bleiben muss sich Ihr Smartphone Ihrem gesteigerten Bewegungsdrang anpassen und sich öfter bei den verschiedenen Handymasten an- und abmelden. Kleinvieh macht bekanntlich auch viel Mist und führt dazu, dass Ihr Smartphone-Akku stärker belastet wird – dieses Problem wird durch den Kauf eines neuen Smartphones nur bedingt gelöst. Der bessere Empfang eines neuen Smartphones kann die Zahl der Meldungsprozedere etwas reduzieren und dadurch den Akku minimal schonen. Im ungünstigeren Fall wird der bessere Empfang jedoch nicht über eine hochwertigere Antenne, sondern durch eine höhere Sendeleistung, die den Akku stärker (!) belasten wird, erreicht. Ein Wechsel des Netzbetreibers kann nur bei ständig schlechtem Empfang, der unter Umständen durch einen schlechten Netzausbau verursacht wird, Verbesserungen mit sich bringen - fragen Sie im Freundeskreis nach etwaigen Empfangsproblemen sowie nach deren Netzbetreiber.

Bewahren Sie Ihr Smartphone an Orten mit schlechtem Empfang auf?

Holz, Metall und Wasser verschlechtern den Empfang maßgeblich. Auch Innenhöfe, Kellergemäuer oder Stahlbeton können Ursachen eines schlechten Empfangs sein und einen höheren Akkuverbrauch mit sich bringen, weil Ihr Smartphone dann häufiger nach einem Handymast mit guter Signalqualität sucht als dies bei gutem Empfang der Fall wäre.

Verwenden Sie eine helle Leuchtkraftstufe Ihres Bildschirms und/oder weiße Hintergrundflächen/- fotos?

Weiße bzw. generell „helle" Farben (Gelb, Orange, Pastelltöne usw.) müssen vom Bildschirm „mit Licht" erzeugt werden, während dunkle Farbtöne weniger bis gar kein Licht (Schwarz) zur Darstellung benötigen. Dadurch wird bei leuchtenden Farben, genau wie bei sehr hellen Leuchtstufeneinstellungen des Bildschirms, der Akku schneller aufgebraucht. Die Leuchtstufeneinstellungen finden Sie in der Regel unter dem Menüpunkt „Einstellungen". Dort finden Sie auch die Möglichkeit von einem weißen auf einen dunklen Hintergrund zu wechseln.

Verwenden Sie ein aufgenommenes Foto als Hintergrundbild, dann können Sie dieses ändern, in dem Sie in Ihrer Fotosammlung ein neues Foto auswählen. Häufig erscheint erst nach einem kurzen Antippen auf das formatfüllende Foto am Bildschirmrand die Menüauswahl "Einstellungen". Wählen Sie dort den Menüpunkt „als

Hintergrundfoto bzw. als Sperrbildschirmfoto verwenden"
aus.

Schlechter Netzempfang

Netzprobleme können verschiedene Ursachen haben, zum Beispiel:

Wartungsarbeiten an Handymasten Ihres Netzbetreibers.

Erkundigen Sie sich bei Ihrem Netzbetreiber (Hotline) nach Wartungsarbeiten an der Adresse, an der die Netzausfälle auftreten. Je nach Anbieter können für diesen Anruf Gebühren anfallen, daher ist es ratsam erst nach einigen Tagen den Netzbetreiber um Auskunft zu bitten.

Es ist Weihnachten, Silvester oder es wird eine Sport- oder Kulturveranstaltung in unmittelbarer Nähe ausgetragen.

Die Netzausfälle sind das Ergebnis eines überlasteten Telefonnetzes und gehören nach der Veranstaltung relativ rasch der Vergangenheit an – Geduld ist eine Tugend, die viel zu selten geschätzt wird.

Der Netzausfall tritt bei Tunneleinfahrten, in

Liften oder in Parkgaragen auf.

Das ist normal und der Bausubstanz der Gebäude geschuldet - ähnlich wie in Kinos, in denen der Netzempfang für ein ungestörtes Kinoerlebnis absichtlich architektonisch unterbunden wird.

Sie befinden sich im Zug, auf der Autobahn oder auf dem Land?

Es gibt sehr wahrscheinlich zu wenig Handymasten Ihres Netzbetreibers in dieser Gegend – fragen Sie Freunde oder Verwandte nach deren Netzbetreiber und ob Sie in derselben Region ebenfalls Empfangsprobleme haben; unter Umständen kann der Wechsel des Betreibers/manchmal auch des Smartphones Wunder wirken.

Sie verwenden eine alte SIM-Karte, die Sie auf Micro-SIM-Kartengröße zuschneiden haben lassen oder, Gott bewahre, selbst zugeschnitten haben?

Tauschen Sie Ihre alte SIM-Karte beim Anbieter gegen eine neue ein. Tarif und Telefonnummer werden dabei vor Ort *„umgemeldet"*, dadurch bleibt für Sie, sofern Ihr Anbieter keine Änderungen erklärt, alles beim Alten. Fragen Sie trotzdem **aktiv** nach: „Gibt es etwas, das ich auf Grund des SIM-Kartentausches wissen oder beachten muss?".

Bewahren Sie Ihr Smartphone während der Arbeitszeit in einer Schublade, einem Schließfach oder an einem Ort mit schlechter Netzabdeckung auf?

Wasser, Holz und Metall schirmen Funkwellen ab. Dadurch sucht Ihr Smartphone verzweifelt nach einem Handymast. Dieser Suchvorgang benötigt deutlich mehr Strom als der normale „Standby"-Modus (Bereitschaftsmodus).

Bildschirm verhält sich komisch

Glasbruch

„Gorilla" nennt sich selbstbewusst das Glas der amerikanischen Firma „Corning", welches in Smartphones zum namhaften Touchscreen-Standard gehört. Der Name Gorilla soll die Eigenschaften des Glases, bruchfest und kratzbeständig, vermitteln. Inzwischen gibt es 4 Entwicklungsstufen, von denen gegenwärtig (Stand: Mitte 2015) „Corning Gorilla Glas 3" bei den meisten Smartphones anzutreffen ist.

Im Vergleich zu alten Tastentelefonen, die trotz Glasbruch einsatzfähig blieben, kann die gleiche Situation bei Smartphones den Totalausfall nach sich ziehen. Das spricht eigentlich gegen Smartphones, wird aber durch deren Funktionalität und deren verhältnismäßig leichte Bedienung („das will ich, da zeig ich drauf") locker wieder wettgemacht.

Tritt der Katastrophenfall ein, dann werden für eine fachgerechte Reparatur, je nach Hersteller und Modell zwischen 100,- und 250,- Euro fällig. Hier helfen oftmals kleine Mobiltelefonhändler aus, die zu günstigeren Konditionen die gleiche, unter Umständen etwas weniger professionelle Leistung anbieten. Da die meisten Smartphone-Besitzer nicht mehr als 300,- Euro für Ihr Smartphone bezahlt haben, sollte die Frage auch gestattet sein, ob eine Reparatur überhaupt sinnvoll ist. Ein Kauf eines neuen Smartphones kann vor allem bei älteren und *"zickigen"* Telefonen in Erwägung gezogen werden, da die neuen Geräte durchaus Verbesserungen in puncto Speicherkapazität, Geschwindigkeit und Zuverlässigkeit mit sich bringen werden.

Farben werden nicht korrekt angezeigt/Bildschirm reagiert träge

Werden die Farben **nur im Freien**, zum Beispiel in direktem Sonnenlicht, nicht korrekt angezeigt, dann handelt es sich hierbei um keinen Defekt, sondern nur um eine Einstellung, die die Lesbarkeit auch bei schwierigen Lichtverhältnissen gewährleisten soll. Die meisten Hersteller haben ihren Smartphones dieses Verhalten spendiert, welches sich durch den Besitzer jederzeit ein- und ausschalten lässt. (siehe „Einstellungen" des Smartphones) Damit im Sonnenlicht das spiegelnde und schlecht ablesbare Display dennoch seine Funktion erfüllen kann, wird vom Smartphone die Leuchtkraft erhöht. Gleichzeitig wird die Farbsättigung reduziert, wodurch Farben einen ausgebleichten Eindruck hinterlassen. Auf diese Weise soll die Ablesbarkeit des Bildschirms trotz starker Sonneneinstrahlung gewährleistet werden.

Bleibt Ihr Bildschirm selbst in geschlossenen Räumen *schwarzweiß*, dann kann es sein, dass Sie in den „Einstellungen" unbewusst eine Lesehilfe aktiviert haben, die eigentlich für sehschwache Menschen vorgesehen ist. Diese Sehhilfe erhöht den *Kontrast* zwischen einzelnen Elementen am Bildschirm, sodass diese leichter unterscheidbar werden. Auf Hintergrundbilder und andere „irritierende Elemente" wird unter Umständen komplett verzichtet. Fehlende Foto-/Bilderdarstellungen sind also ein starkes Indiz dafür, dass hier kein technischer Defekt, sondern nur eine unangebrachte Einstellung im Menü „Einstellungen" vorliegt.

Bleibt trotz Einstellungsänderungen eine inkorrekte Darstellung des Inhalts bestehen bzw. reagiert der Bildschirm nur träge auf Ihre Anweisungen, dann versuchen Sie zuerst einen **Neustart Ihres Smartphones**. Wird dadurch der Fehler behoben, dann liegt die Ursache des *„Fehlers"* vielleicht an Ihrem Verhalten: Sollten Sie zu jenen Menschen gehören, die fast nie Ihr Mobiltelefon ausschalten, dann darf ich Ihnen eine Verhaltensänderung ans Herz legen?

Wählen Sie dazu ein Ereignis aus Ihrem Alltag aus, an welches Sie das Ausschalten Ihres Smartphones als eine Angewohnheit „anhängen" können. Zum Beispiel können Sie jeden Sonntag vor dem Kirchgang Ihr Mobiltelefon ausschalten und danach wieder einschalten. Jedes Ereignis, das regelmäßig zwischen 2 bis 4 Mal im Monat auftritt, zum Beispiel jeden Sonntagmorgen, dürfte hilfreich genug sein.

Durch das Ausschalten Ihres Smartphones teilen Sie diesem mit, dass es seinen Arbeitsbereich aufräumen kann und länger nicht mehr benötigte Dinge, wie zum Beispiel seit einer Woche unnötig geöffnete Apps, vom Arbeitstisch nehmen und zurück in eine seiner vielen Schubladen geben kann. Beim Einschalten beginnt Ihr Smartphone seinen Dienst sozusagen mit einem „sauberen Schreibtisch", wodurch Verwechslungen und Fehlentscheidungen Ihres Gerätes verringert werden.

Besteht das Problem dennoch weiterhin, dann ist es ratsam das Smartphone auf Werkseinstellungen zurückzusetzen. **Sichern Sie zuvor unbedingt Ihre Daten, da bei diesem Prozess alle Informationen auf Ihrem Smartphone gelöscht werden!** Hat auch diese „Notbremse" Ihren normalerweise zuverlässigen Dienst quittiert, dann bleibt leider nur noch der Gang zum Reparaturservice.

Alles wird vergrößert dargestellt

Auch in diesem Fall ist sehr wahrscheinlich kein technischer Defekt die Ursache, sondern nur eine Einstellung der Übeltäter. Sind alle Menüs, Apps und Fotos in Ihrem Smartphone unangenehm stark vergrößert, dann haben Sie vermutlich unbeabsichtigt die **Sehhilfe** aktiviert. Es gibt meist eine Kombination bzw. eine bestimmte Art und Weise wie Sie den Touchscreen berühren sollen, damit diese Funktion aktiviert oder deaktiviert wird. Fragen Sie im Freundeskreis um Hilfe oder suchen Sie im Internet mit Hilfe der Schlagworte „Name des Herstellers/Modellname/Sehhilfen (oder auch Vergrößerung)" nach einer exakten Anleitung. Andernfalls kann der Fachhandel aushelfen, insbesondere dann, wenn sich kaum Kunden in der Filiale aufhalten bleibt Zeit für eine Serviceberatung.

Der Smartphone-Bildschirm bleibt schwarz

Eine der Hauptursachen dafür ist so banal wie auch geläufig. Häufige und starke Erschütterungen, die zum Beispiel bei Stürzen auftreten, sind Gift für jede elektrische Verbindung. Blieb der Bildschirm erst nach einem **Sturz** schwarz, dann darf das Ungeschick als Verursacher des Defekts angenommen werden.

Aber wonach suchen, wenn ein Sturz ausgeschlossen werden kann und der Bildschirm dennoch schwarz bleibt, obwohl SMS bzw. eingehende Anrufe registrierbar sind?

Fast jedes Smartphone hat einen **Annäherungssensor**. Wir wollen ihn einfach „Kuschelsensor" nennen. Die Aufgabe des Kuschelsensors ist NICHT das Kuscheln!

Ihr Smartphone wird hauptsächlich, außer beim Diktieren von Anweisungen, über den Kontakt der Haut mit dem Touchscreen gesteuert. Beim Telefonieren halten Sie Ihr Smartphone ans Ohr, manch Smartphone-Nutzer sogar an die Wange – viel Haut für wenig Absicht, meinen Sie nicht auch? Damit Ihr Smartphone auf der Suche nach dem „verlorenen Nutzerwillen" nicht durch tausend Menüs irrt während Sie unbescholten Ihr Telefonat führen, haben die Ingenieure den Kuschelsensor entwickelt. Der Sensor registriert Helligkeitsveränderungen, wodurch das Smartphone erkennen kann, ob es gerade ans Ohr gehalten wird oder ob der Bildschirm für eine Interaktion (für die Bedienung) aktiv bleiben soll. Ein schwarzer Bildschirm kann deshalb auch nur die Folge von „etwas" Dreck auf dem Kuschelsensor, einer schiefsitzenden Handytasche oder einer schlecht geklebten Displayschutzfolie sein. In der Regel können Sie den Kuschelsensor in unmittelbarer Nähe zur „Hörmuschel" entdecken. Klein und unscheinbar, manchmal auch quadratisch, ist der Sensor je nach Modell leichter oder etwas schwieriger ausfindig zu machen. Verwechseln Sie den Kuschelsensor nicht mit der Frontkamera, die Ähnlichkeiten mit der Hauptkamera aufweist. Manchmal können Sie den Sensor nur durch eine Kippbewegung Ihres Smartphones bei geeignetem Lichteinfall entdecken.

Sind die genannten Fehlerquellen nicht die Verursacher des Problems, bleibt nur noch der Gang zum Fachhandel bzw. in weiterer Folge zum Reparaturservice. Sind Sie sich keiner Schuld bewusst (zum Beispiel durch einen Sturz des Smartphones; Wassereintritt, etc.), dann können Sie bei den meisten Herstellern innerhalb der ersten 2 Jahre einen Garantiefall geltend machen. Einzig die Firma Apple sieht nur 1 Jahr Garantie für das „edle" iPhone vor (Stand: Mitte

2015). Vermutlich würde sonst niemand das „Apple Care Paket" (zu Deutsch Apple-*Kümmerungspaket*) kaufen?

Ein Garantiefall bedeutet, dass der Hersteller Ihnen **freiwillig (!), also ohne gesetzliche Verpflichtung,** eine Ausbesserung des aufgetretenen Fehlers anbietet. Aus diesem Grund tauschen die meisten Hersteller erst nach **3 missglückten Reparaturversuchen desselben Fehlers (!)**, Ihr defektes gegen ein fehlerfreies Gerät aus. Konsumentenschutz und Internet sind in diesen Fällen hilfreiche und vor allem im Fall des Konsumentenschutzes vertrauenswürdige Ratgeber.

Probleme mit Apps

Treten Fehlfunktionen mit oder innerhalb Apps auf, ist in der Regel nicht der Hersteller des Smartphones dafür verantwortlich. Immer wieder werden Apps von Personen entwickelt, die dieser Arbeit nicht hauptberuflich nachgehen. Das Ergebnis fällt zum Leidwesen der Konsumenten manchmal dementsprechend mangelhaft aus.

War die App bis zur letzten Aktualisierung (bis zum letzten Update) einwandfrei funktionstüchtig?

Sofern die App in Ihrem Alltag nicht überlebenswichtig ist, sollten Sie ein paar Tage **abwarten** und dem Entwickler der App eine Chance zur Fehlerbehebung geben. Sie können diesen auf fehlerhafte Updates aufmerksam machen, indem Sie seine App im App-Store bewerten und eine **Kritik** abgeben. **(keine Beleidigungen! - wir sind Konsumenten mit Niveau und im Gegensatz zum Trend respektieren wir uns auch dann, wenn jemand einmal Mist gebaut hat)**

Um eine Kritik abzugeben suchen Sie im App-Store erneut das App-Angebot auf. Anstelle des Menüpunkts „Installation/installieren" sollte dort nun der Menüpunkt „Bewerten", vorausgesetzt Sie haben die App nicht bereits von Ihrem Smartphone gelöscht, zu finden sein.

Einige Smartphone-Hersteller bieten im Menü „Einstellungen" die Möglichkeit an, nur die Aktualisierung der betroffenen App rückgängig zu machen. Wird Ihnen diese Auswahlmöglichkeit von Ihrem Mobiltelefon angeboten, dann sollten Sie diesen Versuch wagen – in seltenen Fällen können dadurch kleine Wunder geschehen!

Tritt der Fehler danach immer noch auf, dann hilft nur noch die komplette Deinstallation und Neuinstallation der App. Durch das Löschen der App gehen in den meisten Fällen gesammelte und/oder bereitgestellte Informationen vollständig verloren. **Sichern Sie daher vor der Deinstallation alle Informationen, die Sie nicht verlieren wollen!** Manchmal unterstützt eine App das Sichern, auch „Backup" (sprich: begkap) genannt, Ihrer Informationen. Folgen Sie in diesem Fall den Anweisungen bevor Sie mit dem Löschen beginnen.

Probleme mit dem Betriebssystem

Vor allem Smartphones, die bereits über ein Jahr im **Dauereinsatz** sind, neigen, genau wie liebgewonnene Ehepartner, dazu sich Macken anzugewöhnen. Manchmal fällt eine Funktion komplett aus, in anderen Fällen lässt die Zuverlässigkeit nach oder das Telefon wird langsam. Schadprogramme, die die begrenzten Ressourcen für sich in Beschlag nehmen, können Ihr Mobiltelefon sogar regelrecht ausbremsen.

Bei Smartphones mit dem Betriebssystem **Android** können Sie ein sogenanntes **Antivirenprogramm** aus dem App-Store, welches meist kostenlos angeboten wird, beziehen. Nach der Installation müssen Sie das Antivirenprogramm dazu anweisen Ihr Smartphone auf Schadprogramme, die weitläufig als „Viren" bezeichnet werden, zu überprüfen. In den meisten Fällen fordert Sie die App beim erstmaligen Öffnen ohnehin zu einer jungfräulichen Prüfung Ihres Smartphones auf, sodass Sie dieser Überprüfung nur noch mit einem „Ja, ich will" zustimmen müssen.

Folgen Sie den Anweisungen der Antiviren-App oder ziehen Sie im Zweifelsfall eine/-n Bekannte/-n zu Rate. Besitzen Sie ein Smartphone mit den Betriebssystemen iOS oder Windows (Phone) können Sie auf Grund der eingesetzten Betriebssystem-Technik ein Schadprogramm als

Problemursprung von vornherein ausschließen. (Stand: Mitte 2015) Ein echter Pluspunkt, der klar für diese beiden Systeme spricht!

Liegt die Ursache der Unannehmlichkeit/-en nicht an der Anwesenheit eines Schadprogramms, dann kann es sein, dass das Smartphone **„übervoll"** ist. Durch Löschen (deinstallieren) von lange nicht mehr benötigten Apps oder von Fotos/Videos/Musik können Sie Ihrem Smartphone viel „Verwaltungsarbeit" ersparen. Dadurch kann es sich besser auf seine Hauptaufgaben *„konzentrieren"*. Regelmäßiges Löschen kann Wunder bewirken, ist jedoch nicht zwingend nötig. Ihr Smartphone nimmt keinen Schaden, wenn Sie löschfaul sind.

Bleibt trotz regelrechter Löschorgie Ihr Mobiltelefon langsam, dann könnte die eventuell vorhandene Micro-SD-Speicherkarte die ersten Anzeichen von Altersschwäche aufweisen. Bevor Sie nun in den Fachhandel eilen und sich für 10,- bis ca. 30,- Euro eine neue Micro-SD-Karte kaufen, sollten Sie zuerst die Speicherkarte aus Ihrem Smartphone nehmen und es dann neu starten. Bleibt das Smartphone langsam, liegt die Ursache nicht an der Micro-SD-Speicherkarte. Versuchen Sie stattdessen im Menü „Einstellungen" ein **„Handyupdate"** („Telefonaktualisierung") auszuführen. Folgen Sie den Anweisungen unter diesem Menüpunkt. Haben Sie gerade erst ein Handyupdate ausgeführt, können die Probleme ihren Ursprung darin haben, dass die Aktualisierung nicht „sauber" ausgeführt wurde. Vor allem das Betriebssystem Android war bisher von diesem Problem betroffen. Hier können Sie in der Regel ein Fehlverhalten Ihrerseits ausschließen.

In so einem Fall ist es ratsam alle Daten, die Sie behalten möchten auf einem Computer zu sichern und im Anschluss Ihr Telefon unter „Einstellungen" auf „Werkseinstellungen zurückzusetzen". **Durch das Zurücksetzen gehen alle Ihre persönlichen Daten auf dem Telefon verloren** und eben auch der „Schmutz", der von der „unsauberen" Aktualisierung Ihres Smartphones herrühren kann, wird entfernt. Unter „Schmutz" verstehen Programmierer jene Programmabschnitte, die zur Ausführung der Installation benötigt wurden und im Anschluss gelöscht werden hätten müssen, aber nicht gelöscht wurden – in seltenen Fällen müssen Sie Ihr Smartphone sogar zweimal in Folge auf Werkseinstellungen zurücksetzen, damit es vollständig gereinigt wurde!

Ist Ihr Smartphone immer noch auffällig langsam, obwohl Sie alle bisherigen Schritte befolgt haben, dann kann der *Fehler* daran liegen, dass es einfach nur **in die Jahre** gekommen ist. In letzter Zeit tauchen immer wieder Beschwerden auf, dass die Betriebssystemhersteller Aktualisierungen zu Verfügung stellen, die nur noch auf die neuesten Smartphones optimiert wurden. Was nützt die neueste Computertechnik, die für ICE-Züge entwickelt wurde, wenn Sie Betreiber einer Dampflokomotive sind, die maximal 120 km/h Reisegeschwindigkeit erreichen kann und keine elektrische Stromversorgung für eine Klimaanlage unterstützt?

Smartphone-Hersteller befinden sich diesbezüglich in einer echten Zwickmühle, da besonders die Hauptzielgruppe, technikverliebte als auch statussymbolorientierte Jugendliche immer nach den neusten Entwicklungen verlangen und mit Aktualisierungen bei Laune gehalten werden müssen. Würden die Hersteller in die Jahre gekommene Smartphones zu früh von diesen Aktualisierungen ausschließen oder diesen ein Übermaß an Neuerungen verwehren, dann würden Sie eine Kundenmigration zur Konkurrenz riskieren. Eine Situation, die in einer Branche, in der jedes halbe Prozent Marktanteil einen millionenschweren Umsatzgewinn oder auch Umsatzrückgang mit sich bringt, von den Konzernen absolut nicht akzeptiert werden kann.

Schlusswort

Eigentlich bleibt nicht mehr viel zu sagen, da wir die wichtigen Punkte bereits besprochen haben.... Dennoch würde ich abschließend gerne noch ein paar Zeilen anfügen, die mir wichtig sind.

Dieser Smartphone-Ratgeber ist mein erster literarischer Fußabdruck und ich hoffe soweit alles richtig gemacht zu haben. Falls der Fehlerteufel dem Etikettenengel ein Schnippchen geschlagen haben sollte, dann darf ich Sie aufrichtig um Verzeihung bitten? Meine aufrichtige und direkte Art wird eines Tages mein Sargnagel sein, darüber bin ich mir schon heute im Klaren.

Das Hauptziel dieses Ratgebers lag darin Ihnen das Gefühl zu vermitteln, dass unter uns noch Bürger/-innen verweilen, die sich die Zeit nehmen Ihnen komplexe Zusammenhänge (hoffentlich verständlich) zu erklären. Es würde mich daher sehr freuen, wenn ich Ihnen hiermit eine kleine Last, die Angst vor dem technisierten Morgen, zumindest ansatzweise abnehmen konnte. Außerdem hoffe ich heimlich darauf Ihnen den Wert von Solidarität, Verantwortungsbewusstsein und „altmodischen" Gepflogenheiten in Erinnerung gebracht zu haben. Nicht alles was alt ist, ist automatisch mit „schlecht" gleichzusetzen. Im Gegenteil, die altmodische Form von Kommunikation basierte auf Charme und Humor anstelle der mittlerweile weitverbreiteten Anglizismen und Toilettengeräusche. Bedauerlicherweise scheint es fast so als würden die beiden Tugenden Charme und Humor Ihren gesellschaftlichen Wert verlieren?

Schenken Sie Ihren Mitmenschen daher ein Lächeln. Glück kann weder mit Karriere, noch mit Geld nachhaltig „erwirtschaftet" werden. Glücksgefühle werden nur durch Schenken zu dem was sie tatsächlich sind, zu wahrem Glück. Alle anderen Glücksgefühle sind nur von kurzfristiger Dauer – dies scheint mir auch der Grund zu sein warum manch eine arme Seele sich dem Sog des Kaufrauschs nicht mehr entziehen kann. Dabei wäre es so einfach… verschenken Sie ein Lächeln.

Ich will mit gutem Beispiel vorangehen und hoffe, dass ich Ihnen zum Abschied mit einer Kurzübersicht und einer Zubehöraufstellung noch ein Schmunzeln ins Gesicht zaubern kann?

Kurzübersicht:

Was ist eine E-Mail?

Tante.Emma2015@Unternehmensname.(Länder-)Code

VergißmeinNicht@traditionellerHandel.com

Eine E-Mailadresse entspricht einer gewöhnlichen Postadresse an die man Ihnen *(Liebes)-Briefe* inklusive Fotos bzw. Videos, schicken kann. Unter der elektronischen Postadresse sind Sie für jeden erreichbar, dem Sie Ihre Anschrift verraten. Eine kostenlose E-Mailadresse bekommen Sie automatisch mit der Registrierung zum App-Store Ihres Smartphone-Herstellers. Meine E-Mailadresse(n) können Sie im Impressum finden.

Bei E-Mails ist alles vor dem „@"-Symbol (sprich: ät) frei wählbar **(Groß- und Kleinschreibung spielen hierbei absolut keine Rolle)**. Alles nach dem „@"-Symbol ist vom Unternehmen abhängig, bei dem Sie Ihre E-Mailadresse registriert haben.

Passwort:

Bei einem Passwort handelt es sich um einen Code, der manchmal auch als Schlüssel bezeichnet wird. Mit dessen Hilfe können Sie unberechtigten Personen den (unautorisierten) Zugriff auf beispielsweise Ihre E-Mails oder Ihr W-LAN Netzwerk verwehren. In 90% aller Fälle können Sie Ihr Passwort selbst auswählen. Es empfiehlt sich Passwörter als Buchstaben- und Zahlenmix zusammenzusetzen, da diese schwerer zu erraten sind. **ACHTUNG!** Bei Passwörtern müssen Sie **Groß- und Kleinschreibung IMMER** berücksichtigen (außer Sie werden explizit auf eine andere Vorgehensweise hingewiesen). Verwenden Sie nach Möglichkeit keine Geburtsdaten, Vor- und Nachnamen, keine TV-Titel oder irgendwelche Hinweise, von denen Sie wissen, dass Sie weitverbreitet sind (z.B. Liedertitel…).

Ein paar Beispiele für sichere Passwörter:

„*W76aXLp2845aHUug*" oder „*hmKf248664820Wyla*" usw. (ab 8 verschiedenen Zeichenkombinationen sind Sie auf der sicheren Seite; die supermegasichere Variante würde auf Grund der eingesetzten Sonderzeichen, die leider nicht von jedem Unternehmen unterstützt werden, aus 16 Zeichenvariationen bestehen und beispielsweise so aussehen, „*5@Mx!3uG%82LiüAμ)*".

So wird´s nicht gemacht:

„*BäckerMüller1979*" oder „*RobinHood*" oder „*goldfisch2015*" oder „*Schatzi*" oder „*123456*" oder „*JamesBond007*"

Was hat es mit der Länge eines Passworts auf sich:

Denken Sie sich bitte eine Zahl von 0 bis 3 aus [0, 1, 2, 3]. Will ich nun herausfinden welche Zahl Sie sich ausgewählt haben, werde ich im ungünstigsten Fall 4 Versuche benötigen bis ich Ihre Zahl korrekt erraten haben werde. Diese Herausforderung wäre also relativ leicht und auch rasch zu lösen. Nun erhöhen wir den Schwierigkeitsgrad, indem Sie sich zusätzlich zur ersten eine zweite Zahl ausdenken. Was glauben Sie wie viele Versuche ich im ungünstigsten Fall benötigen werde, um Ihrer Kreativität auf die Schliche zu kommen?

Pro Zahl wären es ja immer noch 4 Versuche, also insgesamt 8 Versuche, bis ich der Lösung einen Schritt nähergekommen wäre. Allerdings hat die Kombination von 2 Zahlen einen kleinen, für mich *als vermeintlichen Bösewicht*, erschwerenden Nebeneffekt.

Sagen wir die Lösung, die Sie sich ausgedacht haben, laute 3 und 2. Diese beiden Zahlen haben Sie sich freiwillig und ohne Zwang ausgedacht, stimmt doch so, oder?

Damit ich die richtige Kombination finde, genügt es diesmal nicht mehr nur einfach 0, 1, 2, 3 durchzutesten. Die Situation hat sich durch die Erweiterung um eine zweite Zahl verändert, sodass ich nun gezwungen bin zusätzlich alle theoretisch in Frage kommenden Variationen durchzutesten!

Das bedeutet konkret, dass ich zunächst die 0 als erste Zahl austesten und diese mit 0, 1, 2, 3 kombinieren werden muss.

0 und 0

0 und 1

0 und 2

0 und 3

In weiterer Folge wäre ich gezwungen das Spiel mit einer 1 zu Beginn zu wiederholen.

1 und 0

1 und 1

1 und 2

1 und 3

Sie sehen also, dass wir schon jetzt die 4 plus 4 Versuche für die einzelnen (nicht kombinierten) Zahlen erreicht haben. Dabei haben wir noch gar nicht 2 und 3 in unserer Testreihe abgearbeitet! Das Abarbeiten der 2 und der 3 würde erneut 8 Versuche in Anspruch nehmen bzw., genauer betrachtet, hätten wir unsere Lösung (3 und 2) bereits nach weiteren 7 Versuchen erreicht, da wir uns 3 und 3 schenken werden können.

Die Verwendung von 2 Zahlen, die miteinander in einer Kombination verknüpft werden, hätte also nicht, wie vielleicht anfänglich vermutet, den Schwierigkeitsgrad von 4 auf 8 Versuche gesteigert, sondern auf insgesamt 16 Versuche erhöht. Dabei haben wir in unserem Beispiel nur Zahlen von 0 bis 3 zur Hand genommen. Was glauben Sie wieviel schwerer unser Beispiel geworden wäre, wenn wir statt einer Codelänge von 0 bis 3 ein Kombinationsspektrum von 0 bis 10 gewählt hätten?

Als Mensch wären Sie bei dieser schwereren Konstellation gezwungen eine Weile mit Raten zuzubringen. Für eine Maschine hingegen, die weder Pausen, noch Geduld, geschweige denn Motivation benötigt, wäre selbst diese Aufgabe recht schnell zu lösen. Deshalb werden Passwörter zum Schutz vor effizient arbeitenden Computern sicherheitshalber mit Buchstaben kombiniert.

Das deutsche Alphabet besteht aus 30 Buchstaben, wovon jeder in 2 Varianten vorkommen kann, nämlich als Groß- und als Kleinbuchstaben.

Bei einer Passwortlänge von 8 Zeichen, bestehend aus Zahlen, sowie Groß- und Kleinbuchstaben gibt es bereits 576 480 100 000 000 (576 Billionen!) mögliche Variationen!

Bei 16 Zeichen und den zuvor genannten Bedingungen erhalten wir plötzlich die gigantische Zahl von 3.32329305696E+29!

Während eine Billion eine Zahl mit 12 Nullstellen ist, hat das eben angeführte Ergebnis bereits 29 Nullstellen und wird Quadrilliarde bezeichnet!

Da kommen selbst Maschinen an Ihre gegenwärtigen Grenzen. Dennoch wird ein Ausruhen auf trügerischer Sicherheit kaum möglich sein, da in der Elektronik das Mooresche Gesetz weiterhin Gültigkeit zeigt. Das Gesetz, das nach Gordon Moore benannt ist und von ihm während der sechziger und siebziger Jahre beschrieben wurde, beinhaltet die Aussage, dass sich die Leistung der Computerchips alle 12 bis 24 Monate, aktuell liegt der Wert bei alle 20 Monate, verdoppeln wird. Es ist also nur eine Frage der Zeit bis unsere Heimcomputer wieder ausreichend Pferdestärken unter der Haube haben werden, um gegenwärtig sichere Passwörter im Handumdrehen zum Sicherheitsrisiko werden zu lassen.

Weitere Informationen rund ums Thema Passwortsicherheit können Sie beim Webauftritt des deutschen **Bundesamtes für Sicherheit in der Informationstechnik** erhalten.

https://www.bsi-fuer-buerger.de/BSIFB/DE/Empfehlungen/Passwoerter/Umgang/umgang.html

[zuletzt überprüft am 19.04.2016]

Was ist eine Internetadresse?

http://www.hans.sucht.margarethe.de

oder

http://margarethe-ist-hier.at

Eine Internetadresse ist die exakte Anschrift eines Ziels. Sie benötigen diese Adresse, damit Ihr Browser weiß wohin Sie surfen wollen. Zum Beispiel zum Webauftritt eines Unternehmens oder eines guten Freundes, der für sich selbst eine Internetseite betreibt. Die Computer arbeiten dabei mit Zahlenadressen. Da wir Menschen uns Zahlen sehr schlecht merken können, werden diese Zahlenkombinationen extra für uns in leicht erfassbare Namen geändert. Haben wir sogar die Namensadresse vergessen, dann können wir bei den Zentralregistern, den sogenannten Suchmaschinen, mit Hilfe von Stichworten Auskunft einholen.

Sie erinnern sich? „http://" - aha! Eine Internetadresse. „www" steht für „**w**orld **w**ide **w**eb" (**w**eltweites Netzwerk) und „.de" ist der Ländercode für Deutschland bzw. „.at" ist jener Österreichs – Margarethe geht wohl gerne in die Berge wandern.

Was tun, wenn da aber https://IhreBank.ch bzw. https://www.IhreBank.ch steht und nicht http://IhreBank.ch bzw. http://www.IhreBank.ch?

Das „s" bei „https" steht bestimmt für „Schei* drauf" oder haben Sie eine bessere Idee? „ch" ist, wie wir wissen, der Ländercode der Schweiz (**C**onfoederation **H**elvetica), dann muss das „s" doch bestimmt für Schweiz stehen oder etwa nicht? Nö. Tut es nicht.

Haben Sie vielleicht einen besseren Vorschlag? Die Schweiz ist berühmt für Ihre SCHOKOLADE, wofür das „S" aber leider auch nicht steht. Außerdem ist die Schweiz berühmt für ihre Goldbunker. Goldbunker beginnt leider nicht mit „S", also auch eine Niete, aber wo viel Gold bzw. auch Geld gebunkert ist, da muss es auch viel „S" geben… jetzt haben wir es also tatsächlich entschlüsselt!

„S" steht für „secure" und bedeutet dasselbe wie bei den Micro-SD-Karten, nämlich „Sicherheit". „https" treffen Sie nicht nur bei Schweizer Internetseiten an, da habe ich Sie 'n bisschen auf die falsche Fährte gelockt, sondern Sie finden es in letzter Zeit vermehrt bei den unterschiedlichsten Internetseiten vor. Durch das „https" wird der Datenaustausch zwischen der aufgerufenen Internetseite und Ihrem Gerät „abhörsicher" übertragen. Im Fachjargon ist die Rede von *„verschlüsselten Seiten"*, da ohne passenden

„*Schlüssel*" niemand die darin enthaltenen Informationen begreifen kann.

Kräftigen Schwung hat diese Art der Datenübertragung vor allem auch durch den aktuellen Geheimdienstskandal bekommen. Wissen Sie, im Gegensatz zu Otto Normalverbraucher gibt es in der Internetgemeinschaft noch *echte Kämpfer*, die nicht nur bereit sind, sich für ein aufrichtiges Wertesystem einzusetzen, sondern sich auch mit friedfertigen Methoden für dessen Schutz stark machen – ob das vielleicht daran liegt, dass diese Rebellen keine Zeit für „langweiliges" und monotones Fernsehglotzen haben? Das Internet bietet uns direkt vom bequemen Sofa ein Millionenpublikum an. Es liegt an uns diese Tatsache für gute oder schlechte Zwecke zu nutzen oder einfach nur diesen Umstand zur Kenntnis zu nehmen und dem Treiben anderer genüsslich zu folgen.

Eines will ich aber klar gefordert haben… das Internet ist **UNSER** Internet. Vielleicht macht es Ihnen nichts aus, dass Sie auf Grund versteckter (indirekter) Kosten jedes Jahr für den gleichen Lebensstandard mehr „schuften" müssen… aber mich stört es, weil dadurch meine steigende Berufserfahrung nicht entlohnt wird!

Im Internet kann ich mir darüber Luft machen und mich mit gleichgesinnten organisieren und Demokratie **LEBEN** und nicht mehr nur... Dennoch rate ich Ihnen von beleidigenden oder aus dem emotionalen Umfeld entsprungenen Äußerungen ab, da das Internet im gegenwärtigen Zustand „nicht vergisst" – das kann Ihnen also Jahre später noch unangenehm nachhängen! Außerdem ist bei strafbaren Äußerungen im Internet das Strafmaß ungemein höher als beispielsweise am Stammtisch, da Sie sich nicht im kleinen Kreis, sondern im „öffentlichen Raum", vor einem Millionenpublikum geäußert haben.

Bekannte Suchmaschinen(Zentralregister):

http://www.google.de (http://google.de)

oder

http://www.google.at (http://google.at)

http://www.bing.de (http://www.bing.at) usw.

http://de.search.yahoo.com – lassen Sie sich nicht irritieren: „.com" steht für die kommerzielle Nutzung, „yahoo" ist der Name des Unternehmens und „search" ist das englische Wort für „Suche" und zu guter Letzt bedeutet „de" diesmal, da es am Anfang steht, dass es sich um die deutschsprachige Variante dieser Seite handelt.

SIM-Karten-Typen:

Mini-SIM-Karte (entspricht dem „alten" Standard)

Micro-SIM-Karte (**Achtung** – Verwechslungsgefahr mit Micro-**SD**-Speicherkarte!)

Nano-SIM-Karte (gegenwärtig häufig bei Smartphones ab 300,- anzutreffen)

Drahtlose Verbindungsmöglichkeiten eines Smartphones:

1. Kostenfreie Möglichkeiten:

Infrarot:

Infrarot ist nur im absoluten Nahbereich einsetzbar und eigentlich nicht mehr zeitgemäß. Trotzdem ist diese Informationsübertragungsart bei neueren Smartphones vereinzelt immer noch als TV-Fernbedienungsfunktion anzutreffen.

Bluetooth:

Die Bluetooth-Verbindung erreicht andere Geräte innerhalb einer Distanz von bis zu 10m. Sie kann für die Übertragung von Kontakten, Fotos, Musik und Videos kostenfrei genutzt werden.

GPS:

Das **G**lobal **P**ositioning **S**ystem, alias GPS, dient einzig der Bestimmung Ihres Aufenthaltsorts. Die Abfrage Ihrer Position ist seit jeher kostenlos, da diese nicht über Ihren Netzanbieter und Handymasten erfolgt, sondern unter zu Hilfenahme von Satelliten. Auch die elektronische Verarbeitung Ihres Aufenthaltsorts an Ihrem Smartphone ist nicht kostenpflichtig.

2. *Bedingungsabhängig kostenfrei oder auch kostenpflichtig:*

Bluetooth:

Bei der Übertragung von Telefongesprächen oder der Bereitstellung von Internet ist die Bluetooth-Übertragung selbstverständlich immer noch kostenlos. Allerdings dürfen Sie nicht darauf vergessen, dass dabei trotzdem der Tarif für das Gespräch und/oder die Internetnutzung Gültigkeit haben und die vertraglich vereinbarten Kosten anfallen.

W-LAN alias Wi-Fi:

Die W-LAN-Verbindung selbst ist eigentlich kostenlos und kann auch als gebührenfreies kabelloses Netzwerk für zu Hause eingerichtet werden. Wird W-LAN hingegen nicht zum kostenfreien Austausch von Fotos, Musik und Videos vor Ort zwischen zwei oder mehreren Geräten genutzt, sondern auch zum Verbindungsaufbau ins Internet eingesetzt, dann können durchaus Kosten, nämlich jene, die durch die Internetverbindung entstehen, anfallen.

Im Fall kostenpflichtiger Wi-Fi-Hotspots benötigen Sie in der Regel ein vom Hotspotbetreiber mitgeteiltes Passwort.

Besitzen Sie kein übereinstimmendes Passwort, dann müssen Sie sich nach Alternativen umsehen.

GPS:

Auch bei GPS kann *etwas misstrauische Vorsicht* nicht schaden. Während die Abfrage und Auswertung Ihrer Positionsdaten, wie im vorigen Abschnitt aufgezeigt, kostenlos sind, können bei der Verwendung einer Navi-App jedoch sehr wohl Kosten anfallen. Dies ist immer dann der Fall, wenn die dafür benötigten Navigationskarten nicht am Handy gespeichert wurden und die Landkarte am Smartphone-Bildschirm mit Hilfe von Informationen aus dem Internet dargestellt wird. Daher würden Sie nun für Gebühren aufkommen müssen, die nicht durch den GPS-Service verursacht wurden, sondern erst durch die weiterführende Verarbeitung, durch die jeweilige Navi-App, entstanden sind. In diesem Punkt zeigt sich die Navigations-App mit dem schlichten Namen „here" (zu Deutsch: hier), die es sowohl als Auto-Navi als auch in Form einer Fußgänger-Navi gibt, vorbildlich. Auf Wunsch benötigen Sie bei „here" nur einmal eine W-LAN-Verbindung ins Internet, um mit dessen Hilfe die Navigationskarten downloaden (sprich: daunlohden) zu können. **Unter einem „Download" wird im Fachjargon die Speicherung von Informationen** aus dem Internet an Ihrem Gerät (Smartphone, Tablet, Computer...) verstanden. Dadurch können Sie jederzeit, ohne weitere Kosten, auch ohne aufrechte Internetverbindung, auf diese Informationen zugreifen.

3. Kostenpflichtige
Verbindungsmöglichkeiten:

SIM-Karte:

Mit Hilfe der SIM-Karte können Sie telefonieren, SMS als auch MMS versenden und empfangen und im Internet surfen. Die anfallenden Gebühren sind von Ihrem Netzbetreiber und von dem vereinbarten Vertrag abhängig.

W-LAN alias Wi-Fi:

Kostenpflichtige W-LAN-Hotspots sind in der Regel mit einem Passwort geschützt, welches Sie gegen Bezahlung vom jeweiligen Betreiber erhalten werden.

Speicherkarten-Typen:

Micro-SD-Karte (hauptsächlich bei Mobiltelefonen und Tablets, aber auch bei Auto-Navigationsgeräten anzutreffen)

Micro-SDHC-Karte („HC" steht im Englischen für „High Capacity" und bedeutet „hohe Kapazität"; vorausgesetzt Sie wollen die Speicherkarten nicht in ein altes Mobiltelefon geben, können Sie das Kürzel „HC" getrost ignorieren, da es nur auf ein größeres Speichervolumen hinweist)

Micro-SDXC-Karte („XC" steht im Englischen für „eXtended Capacity" und bedeutet „erweiterte Kapazität", weil diese Speicherkarte deutlich mehr Speichervolumen bietet als die Micro-SDHC-Karte; die meisten Smartphones über 250,- Euro können gegenwärtig [Stand: Mitte 2015] maximal 128 GB verarbeiten, während unterhalb dieser Preisgrenze eine maximale Kapazität von 64 GB sehr häufig anzutreffen ist; diese Limitierungen sollten Sie beim Kauf von Speicherkarten beachten)

SD-Karte (da diese nicht der Micro-Norm entspricht ist ihre Bauform konsequenterweise größer; sie kommt hauptsächlich in Fotoapparaten zum Einsatz)

Speichereinheiten:

1 Bit – entspricht einem einzelnen Zustand (Strom fließt oder er fließt nicht)

8 Bit – entsprechen innerhalb einer 8 Bit-Codierung einem Byte

1 Byte – repräsentiert innerhalb einer 8 Bit-Codierung ein (Schrift)-Zeichen

1024 Byte – entsprechen 1 kB

1024 Kilobyte(kB) – entsprechen 1 MB

1024 Megabyte(MB) – entsprechen 1 GB

1024 Gigabyte(GB) – entsprechen 1 Terabyte (TB)

Von klein nach groß:

Byte – Kilobyte (kB) – **Megabyte (MB) – Gigabyte (GB)** – Terabyte (TB)

Einige Beispiele, von klein nach groß:

Einzelne Schriftzeichen – SMS/MMS und E-Mails – **Lieder und Apps – Spiele und Videos** – Archive und Videosammlungen

Ausgewählte Beispiele für den Speicherplatzbedarf:

1 (Schrift)-Zeichen – 1 Byte (8 Bit-Codierung)

1 SMS – 140 Byte

1 E-Mail – durchschnittlich 10 bis 500 kB [~10.000 – 500.000 Byte]

1 Foto (5 Megapixel) – durchschnittlich 1 bis 5 MB [~1.000.000 – 5.000.000 Byte]

1 Foto (20 Megapixel) – meist 10 bis 30 MB [~10.000.000 – 30.000.000 Byte]

1 Video (90 min. – mäßige Qualität [CD]) – an die 700 MB [~700.000.000 Byte]

1 Video (90 min. – sehr gute Qualität [DVD]) - 4 bis 8 GB

[~4.000.000.000 – 8.000.000.000 Byte]

1 Video (90 min. – fantastische Qualität [Blu-ray Disc]) – 25 bis 100 GB

[~25.000.000.000 – 100.000.000.000 Byte!]

Internetadressen, die Sie kennen sollten:

1. *Suchmaschinen, Enzyklopädien und Wörterbücher*

http://www.google.de

http://www.bing.de

http://www.wikipedia.de (eine Enzyklopädie, die von der Internetgemeinschaft gehegt und gepflegt wird)

http://www.leo.org (ein kostenloses Übersetzungswörterbuch)

2. Videoarchive und Soziale Netzwerke:

http://www.youtube.de

http://www.facebook.de

https://plus.google.com

https://twitter.com/?lang=de

„https" – aha! Eine sichere Internetverbindung; Twitter ist der Name des sozialen Netzwerks; „.com" steht für die „kommerzielle Nutzung"; der „/" erklärt, dass alles danach angeführte eine Unterkategorie ist; „?lang=de" bedeutet, dass die „Language" (die Sprache) auf „de" also auf Deutsch voreingestellt wurde;

https://www.ted.com/talks?language=de – bei TED handelt es sich um eines der hochwertigsten Videoarchive des

Internets; In Anlehnung an „Smalltalk" bezeichnet TED seine meist 15minütigen „Vorträge" als TED-Talks; Sie finden dort Beiträge von Menschen, die Ihnen erklären was Sie machen und wie Sie auf ihre *revolutionären* Ideen (im Sinne von genial) gekommen sind;

„https" – aha! Eine abhörsichere Internetverbindung; TED nennt sich die Organisation; „.com" steht für die „kommerzielle Nutzung"; der „/" weist auf eine Unterkategorie hin; „talks?language=de" erklärt Ihnen, dass die angezeigte Seite in deutscher Sprache ist;

Unterschied zwischen Telefonie über die SIM-Karte und Telefonie übers Internet:

Bei der Telefonie (auch bei SMS/MMS) **via SIM-Karte** wählen Sie eine **Telefonnummer** und verbinden sich „analog" (exklusiv) mit Ihrem Gesprächspartner - so wie immer. Die Preise hängen von Ihrem Vertrag ab und auch davon, ob Sie mit dem Inland oder dem Ausland verbunden werden wollen (siehe Vorwahl).

Bei der Internettelefonie (auch SMS/MMS) gibt es keine Unterscheidung nach der Nationalität (Inland oder Ausland), da der Preis nur von den Kosten der örtlichen Einwahl abhängt. Bei einer Inlandsverbindung und einem Pauschaltarif, der eine Internetverbindung unlimitiert bereitstellt, können Sie weltweit sozusagen zum „Nulltarif" (nur Ihr monatlicher Pauschalbetrag ist fällig) im Internet surfen, telefonieren und SMS bzw. MMS verschicken. Das Versenden von Textnachrichten oder Nachrichten mit Fotoanhang wird im Internet allerdings nicht mehr als SMS oder MMS bezeichnet. Für den Fall, dass Ihr Gesprächspartner Ihnen seine E-Mailadresse mitteilt, können Sie Ihm eine **E-Mail** schicken. Es ist dabei **völlig egal**

welches Programm Sie zum Versenden oder zum Empfangen verwenden.

Alternativ gibt es die Möglichkeit **über Apps** zum „Nulltarif" (ins Ausland) zu telefonieren. Dies funktioniert leider nur, wenn **Ihr Gesprächspartner dieselbe App wie Sie** verwendet und ebenfalls eine Internetverbindung besitzt. **Innerhalb desselben App-Anbieters (Skype, Viber, Tango...) sind Telefonie und Textnachrichten mit und ohne Foto kostenlos.** Umgangssprachlich ist die Rede von „sende es mir per WhatsApp" oder „ruf mich bei/via Skype an". Jeder Service-Dienstleister (Skype, Viber, Tango, WhatsApp...) fordert Sie zur Registrierung bei seinem Unternehmen auf. D.h. mittels E-Mailadresse/Benutzernamen und Passwort können Sie sich als zugangsberechtigt gegenüber diesem Anbieter ausweisen. Mittlerweile wird auch in diesem Dienstleistungssektor nach Ihrer Telefonnummer gefragt, wodurch die Service-Dienstleister in der Lage sind nach Kontakten aus Ihrem persönlichen Telefonbuch bei sich im Archiv zu suchen. Übereinstimmungen werden im Telefonbuch Ihres Smartphones angezeigt und mit dem Logo der App hervorgehoben. Dadurch entfällt das lästige Austauschen von Kontaktdaten – ein wahrlich sinnvoller Service!

Achten Sie im Ausland darauf, dass Sie mit Ihrem Smartphone nur über W-LAN eine Verbindung zum Internet herstellen. Nur wenige Tarife decken *günstiges* Roaming am Urlaubsort ab. Die beste Lösung ist daher Telefonie, SMS/MMS über das Hotel-W-LAN mit entsprechenden Apps zu realisieren (Skype, Viber, Tango, WhatsApp…).

Damit Sie nicht in die Kostenfalle tappen, empfiehlt es sich am Smartphone den Flugzeugmodus zu aktivieren (die SIM-Karte wird dadurch „*abgeschaltet*"). Mit einem Probeanruf durch Wählen einer Telefonnummer können Sie feststellen, ob Sie alles richtiggemacht haben. Hören Sie kein Verbindungszeichen, ist Ihr Mobiltelefon im Flugzeugmodus (Flugzeug-Symbol statt Netzempfang-Symbol). Im Anschluss können Sie W-LAN einschalten. Üben Sie diese Vorgänge vor Reiseantritt und lassen Sie sich bei Unsicherheit nochmal alles von Bekannten erklären bzw. vorzeigen!

Kommunikationsformen via Telefonnetz:

Für den Verbindungsaufbau wählen oder verwenden Sie eine gespeicherte Telefonnummer:

Telefonie:

Es handelt sich hierbei um das *gewöhnliche* Telefongespräch.

SMS:

Eine Textnachricht, die *pro Verrechnungseinheit aus max. 140 Zeichen* besteht.

MMS:

Eine Textnachricht (SMS), der mindestens ein Multimediaelement (Foto, Ton, Video) beigefügt wurde.

Videotelefonie:

Eine Sonderform der *gewöhnlichen* Telefonie bei der das Bild und der Ton (meist beider Gesprächspartner) übermittelt werden. Videotelefonie kommt von allen Kommunikationsformen einem realen Gespräch am Nächsten.

Kommunikationsformen via Internet:

Für den Verbindungsaufbau nutzen Sie eine App, die der Empfänger für eine kostenfreie Übertragung ebenfalls in Verwendung haben muss!

Internettelefonie:

Innerhalb der App haben Sie die Möglichkeit gespeicherte Kontakte für den kostenfreien Gesprächsaufbau auszuwählen.

Internettextnachrichten/Chat:

Innerhalb einer App haben Sie die Möglichkeit einen schriftlich geführten Dialog (einen Chat – sprich: tschedt) mit einem Kontakt zu starten. Dabei wird im Gegensatz zur Kommunikation über das Telefonnetz nicht zwischen SMS und MMS unterschieden. In beiden Fällen ist die Rede vom gemeinsamen Chatten (dem Reden). Ursprünglich wurde unter „chatten" das geschriebene **zeitnahe** Gespräch verstanden (ähnlich einer Stammtischunterhaltung, bei der nur mit Block und Bleistift kommuniziert werden darf).

Internetvideotelefonie:

Sie wird wie die Internettelefonie vermittelt und unterscheidet sich nur durch die zusätzliche Übertragung des bewegten Bildes. Da sie ebenfalls über Apps realisiert werden kann, ist auch sie, im Gegensatz zur Videotelefonie über die Telefonleitung (teuer!), kostenlos, sofern Ihr Gesprächspartner dieselbe App verwendet.

E-Mail:

Die E-Mail ist eine Sonderform der Internettextnachrichten und war bereits lange Zeit vor der Ära der Kommunikations-Apps in Verwendung. Auch hier wird nicht in SMS oder MMS unterschieden. Im Gegensatz zur Kommunikation via Apps wie Skype, Tango, Telegram, Viber, WhatsApp, usw. **muss der Empfänger nicht dieselbe App** wie Sie in Verwendung haben. Ihr Kommunikationspartner muss die E-Mailadresse nicht einmal beim gleichen Unternehmen registriert haben, um mit Ihnen kostenfrei kommunizieren zu können. Kurz gesagt, E-Mail ist die universellste Variante der geschriebenen Kommunikationsformen. Eine E-Mail besteht immer aus einer kurzen Überschrift, im Fachjargon „der Betreff" und dem Textkörper, der Ihre eigentliche Nachricht enthalten soll.

Surfen (Browsen):

Beim Öffnen Ihres Browsers (Microsoft Edge-Browser, Google Chrome, Safari-Browser) verbinden Sie sich mit dem Internet. Dabei können Sie zwischen „nur konsumieren", d.h. Sie beschränken sich ausschließlich auf passive Aktivitäten wie Lesen, Hören (Musik/Internetradio) oder Sehen (Videos) und „interagieren", also aktiv werden, wählen. Weitverbreitete Interaktionsformen sind chatten (zeitnahes hin- und herschreiben in Form eines Dialoges), bewerten und/oder Kritik schreiben, zum Beispiel zu Produktangeboten, oder auch teilen von Information/-en. So können Sie beispielsweise Ihre Urlaubsfotos/-videos „Online stellen", also im Internet für andere zugänglich machen.

Wichtige Symbole im Überblick:

Das Symbol für den Netzempfang:

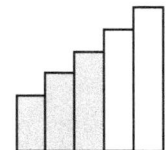

Je mehr ausgefüllte Flächen sichtbar sind, desto besser ist die Signalqualität bzw. desto besser ist der Empfang Ihres Smartphones.

Das Symbol für den W-LAN-Empfang:

Auch hier gilt die einfache Regel, je mehr kräftige Linien, desto besser ist die Verbindungsqualität. Die Linien sind gebogen und vermitteln den Eindruck, dass sie sich von einem Zentrum entfernen. Das W-LAN-Symbol erinnert stark an einen Stein, der ins Wasser fällt. Dabei bewegen sich „Wellen" kreisförmig von der Eintauchstelle des Steines fort.

Rufen Sie sich noch einmal unser Beispiel ins Gedächtnis, welches W-LAN als einen örtlich begrenzten Internetzugang aufgezeigt hatte. Dabei hatten wir einen Hotspot mit einer stinkenden Mülltonne verglichen, dessen unangenehmer Geruch nur in einem bestimmten Umkreis wahrnehmbar ist.

Die Wellen, die ein Stein beim Eintauchen ins Wasser schlägt, breiten sich, genau wie der unangenehme Geruch der Mülltonne und die Sendeleistung eines W-LAN Hotspots auch nicht unendlich weit aus, sondern werden mit zunehmender Entfernung zum Zentrum immer schwächer bis Sie irgendwann nicht mehr von der Umgebung unterscheidbar sind.

Das Symbol für Bluetooth:

König Harald Blauzahn war nicht nur bei der Namensgebung für die kabellose und örtlich begrenzte Übertragungstechnologie Pate. Die Initialen seines Namens, „H" und „B", wurden mittels altnordischer Runen in

„zusammengerückter" Form beim Bluetooth-Symbol ebenfalls verewigt.

Im Gegensatz zu den Symbolen des Netzempfangs und der W-LAN-Empfangsqualität, zeigt das Bluetooth-Symbol **nicht** die Qualität der Verbindung an. Das Logo zeigt mit seinem Erscheinen am Display lediglich an, ob Bluetooth am Mobiltelefon eingeschaltet bzw. in Verwendung ist. Nicht selten wird das Bluetooth-Logo durch einen blauen meist kreisförmigen Hintergrund optisch hervorgehoben.

Das Symbol des GPS-Signals (Global Positioning System):

Das GPS-Symbol erscheint, genau wie das Bluetooth-Symbol, immer dann, wenn GPS eingeschaltet ist bzw. von einem Programm genutzt wird. Der ausgefüllte Kreis stellt schematisch die Erde dar und die Linie am Rande des Kreises soll die Flugbahn eines Satelliten um unseren Heimatplaneten andeuten. Mit Hilfe der GPS-Antenne können Apps mit sehr hoher Genauigkeit Ihre Position auch dann bestimmen, wenn keine SIM-Karte in Ihrem Smartphone in Verwendung ist.

Das ist besonders nützlich, wenn eine Person spurlos verschwunden ist und die Behörden Grund zur Annahme haben, dass dem/der Smartphone-Besitzer/-in Schlimmes zugestoßen sein könnte. Vor allem immer dann, wenn eine App in regelmäßigen Abständen die Positionsdaten sammelt und ebenso regelmäßig an eine Datenbank übermittelt.

Auch die von Ihnen freiwillig angeforderte Bestimmung Ihrer Position bei der Verwendung von Navigations-Apps für die Autofahrt oder zur Orientierung als Fußgänger in einer fremden Stadt kann sehr hilfreich sein, da Ihr digitaler Buttler Ihnen mittels GPS helfen kann schneller an Ihr gewünschtes Ziel zu gelangen.

Einzig die Positionsbestimmung im Fall manch fragwürdiger Apps sollte bei Ihnen ein besorgtes Stirnrunzeln auslösen. Wozu muss eine Taschenrechner-App Ihre Position eruieren dürfen? Die Aufgabe eines Taschenrechners sollte sich ausnahmslos darauf beschränken uns beim Lösen von Rechenaufgaben zu helfen. Eine Taschenrechner-App, die vor der Installation nach einer Ortungserlaubnis verlangt, wird in der Regel auf meinem Smartphone erst gar nicht installiert – wer weiß schon genau, welche Daten diese App sonst noch hinter meinem Rücken über mich sammeln und mit großer Wahrscheinlichkeit an ein mir unbekanntes Unternehmen schicken wird.

Smartphone-Zubehör:

Der Auslieferungszustand:

Im Kaufpreis eines neuen Smartphones sind das Smartphone selbst, der dazu passende Lithium-Ionen-Akku und das technisch entsprechende Ladegerät enthalten. Da sich nicht nur die Akkukapazität von Modell zu Modell gravierend unterscheiden kann, sondern auch die mit Händen greifbare Form des Akkus in den meisten Fällen nicht ident ist, lassen sich Akkus prinzipiell nicht modellübergreifend vom alten Smartphone ins neue übernehmen. Dieses *Problem* einer nicht gerade umweltschonenden Teileverwertung tritt, im Gegensatz zur rationalen Bauweise der Ladegeräte, eigentlich bei jedem Smartphone-Hersteller auf.

Bei den Ladegeräten hingegen ist die technische Entwicklung deutlich *fortgeschrittener*. Mit Ausnahme der Stromkabelanschlussstelle des *Deluxe-Potager* Apple sind bei allen anderen Smartphone-Produzenten die Ladegeräte mittlerweile herstellerübergreifend kompatibel.

Dieser bautechnische Geniestreich führt dazu, dass Sie im Notfall problemlos in der Lage sein werden, Ihr zu Hause vergessenes Ladegerät durch jenes Ihres Gastgebers zu ersetzen, ohne dabei Ihrem Smartphone ernsthaften Schaden zuzufügen. Haben Sie sich beim Kauf eines Smartphones hingegen für ein „i a", äh, ich meine natürlich für ein edles iPhone entschieden, dann werden Sie im Notfall gezwungen sein, sich solange bei Ihren Kollegen/-innen nach einem iPhone-Ladegerät durchzufragen bis Sie aus irgendeiner Himmelsrichtung ein erlösendes „i a" hören werden. Die Ursache hierfür liegt im *„innovativen"* Apple-Konzept seine neueren Gerätemodelle ausschließlich mit einem „Lightning"-Stecker (zu Deutsch: Blitz-Stecker) aufladen zu lassen. Bei einem Marktanteil von knapp unter 16% des Betriebssystems iOS werden Sie also **rein statistisch gesehen zwischen 5 und 8 Personen** fragen müssen bis Sie Ihr Morphium erhal…, äh, ein passendes Ladekabel von einer unbekannten Person vielleicht ausleihen werden dürfen.

Während alle anderen Hersteller Ihre Verpflichtung gegenüber der Europäischen Union, einen einheitlichen Ladestecker zu verwenden, mit einem standardisierten Micro-USB-Steckplatz am Smartphone vorbildlich erfüllen, hat sich Apple offensichtlich einmal mehr für *„innovative Exklusivität"* stark gemacht. Zumindest ist bei Apple, genau wie bei allen anderen Herstellern das andere Ende des Kabels, welches am stromliefernden Netzadapter angesteckt wird, ebenfalls standardisiert. Dieses deutlich breitere Ende wird USB-Anschluss genannt und ist heutzutage nicht nur in

Kombination mit Stromsteckern (Netzadaptern) zum Aufladen Ihres Smartphones einsetzbar, sondern auch für den Datenaustausch mit Computern geeignet. Obwohl es sich in beiden Fällen um ein und dasselbe Kabel handelt, ganz egal ob es für den Datenaustausch von und zu Computern oder nur zum Aufladen eingesetzt wird, spricht die Mehrheit der Konsumenten je nach Einsatzzweck umgangssprachlich dennoch vom Daten- oder vom Ladekabel. Für Sie als Konsument ist nur die Tatsache im Gedächtnis festzuhalten, dass ein Apple-Kabel ohne passenden Adapter nicht mit Smartphones anderer **NAMHAFTER** Hersteller verwendbar ist.

Kopfhörer alias Headsets (sprich: hädsät):

Seit einiger Zeit haben manche Hersteller damit begonnen Ihre Smartphones ohne Kopfhörer auszuliefern, obwohl in den meisten Fällen die Verwendung eines *altmodischen* FM-Radios am Smartphone ohne Kopfhörer gar nicht möglich ist. Die Mehrzahl der Smartphones benötigt, die im Kopfhörerkabel *versteckte* Radio-Antenne zur störungsfreien Inbetriebnahme des FM-Radios. Verwechseln Sie das FM-Radio bitte nicht mit dem Internet-Radio. Wie der Name „Internet-Radio" bereits verrät, benötigt selbiges eine dauerhaft bestehende Internetverbindung, um Ihnen das weltweit verfügbare Radioprogramm auch in Ihrem Land anbieten zu können.

Das FM-Radio hingegen verdient die Bezeichnung „altmodisch" aus einem einzigen leicht verständlichen Grund. Früher gab es kein Internet, sodass Radiowellen von einem Sendeturm auf die Reise zu Ihrem Radioempfangsgerät geschickt werden mussten. Damals wie heute war und ist diese Form des Radiokonsums auf die Reichweite regionaler Sender beschränkt und abgesehen von den staatlichen Rundfunkgebühren wie GIS in Österreich, GEZ in Deutschland und BILLAG AG in der Schweiz, völlig kostenlos.

Die Quintessenz lautet daher, kein Kopfhörerkabel – kein FM-Radiogenuss. Ist in Ihrem aufregenden Leben Radiohören ohnehin kein Festbestandteil Ihres Alltags, dann werden Sie diesbezüglich auch nichts vermissen.

Der Hauptgrund, dass dennoch viele Konsumenten im Fachhandel nach passenden Kopfhörern fragen, liegt meist darin, dass Sie mit selbigen das ungestörte Lauschen Ihrer eigenen Musiksammlung genießen wollen. Andere wiederum wollen einfach nur Ihre Hände beim Telefonieren frei haben, um während des meist sinnfreien Plapperns sinnvolleren Beschäftigungen nachgehen zu können. Leider trifft nicht selten der Umstand eines zunächst lebenswichtigen erscheinenden Blabla auf den gnadenlos hektischen Alltagsberufsverkehr. In den meisten Fällen ist dann auch das *reumütige* „Ups" leider mehr Ausdruck eines herzhaften „gottverdammter Sch***dreck!" als eines einsichtigen „wie dumm war ich bloß!".

Dann doch bitte lieber wieder Toilettengeräusche und Anglizismen!

Worin liegt der Unterschied zwischen einem Headset und einem Bluetooth-Headset?

Headset ist der allgemeine Ausdruck für Kopfhörer. Allerdings wird umgangssprachlich unter Headset meist der kabelgebundene Kopfhörer verstanden. Das Kabel hat wie bereits zuvor geschildert den Vorteil, dass es die Radio-Antenne für Ihr Smartphone enthält. Außerdem benötigt das Kabel-Headset im Gegensatz zum kabellosen Bluetooth-Headset keine eigene Stromversorgung, die bei den Bluetooth-Headsets mehrheitlich mittels eines Akkus bereitgestellt wird.

Der Vorteil eines Bluetooth-Headsets liegt wiederum im erweiterten Freiraum, der durch die Kabellosigkeit des Zubehörs entsteht. Bei der Verwendung eines Bluetooth-Headsets können Sie sich **bis zu** 10 Meter von Ihrem Smartphone entfernen ohne unter gravierenden Gesprächsaussetzern leiden zu müssen.

Hatte beim kabelgebundenen Headset das Kabel selbst, das in der Regel immer störend im Weg hängt, für den größten Frust gesorgt, so ist es beim Bluetooth-Headset die Tatsache, dass Sie dieses regelmäßig aufladen müssen. Vergessen Sie einmal auf das notwendige Aufladen, dann können Sie zwar immer noch regulär übers Smartphone telefonieren, jedoch haben Sie den Mehrwert, der durch das Zubehör entstehen hätte sollen, freiwillig vergeudet.

Gibt es noch weitere Vorteile in der Verwendung von Headsets?

Ja, insbesondere, wenn Sie zu den professionellen „Schwätzern" gehören und von Berufs wegen täglich unzählige Telefonate führen müssen. Mobiltelefone bzw. Smartphones sind im dauerhaften Alltagseinsatz im allgemeinen Vergleich noch relativ junge Technologien. Vor allem im kritisch prüfenden Blickfeld besorgter Mediziner führt das technologische Alter der Kommunikationsrevolution häufig zu skeptischem Stirnrunzeln. Der Umstand, dass es in diesem Zusammenhang keine zuverlässigen gesundheitsbezogenen Daten aus Langzeitstudien gibt, lässt die Mediziner prophylaktisch zur Vorsicht mahnen. Dennoch sind Ihre umsichtigen Ratschläge besonders bei Vieltelefonierern als auch bei Kindern und Jugendlichen, die sich in der Wachstumsphase befinden, absolut ernst zu nehmen!

Deren Ratschlag lautet meist: wer mehrere Stunden pro Tag telefoniert bzw. telefonieren muss, der möge so oft es die Umstände zulassen Headsets für seine Telefongespräche heranziehen, um gegen bis jetzt noch nicht erkennbare gesundheitsschädigende Folgen vorzubeugen. Kindern und

Jugendlichen wird generell zu gesundem Maß im Umgang mit Smartphones geraten, wobei diesbezüglich die Eltern eigentlich stärker in die Pflicht zu nehmen wären!

Weiterführende Informationen zum Thema Smartphone und Gesundheit finden Sie beispielsweise beim Bundesamt für Gesundheit (BAG) der schweizerischen Eidgenossenschaft.

http://www.bag.admin.ch/themen/strahlung/00053/00673/04265/index.html?lang=de

[zuletzt überprüft am 19.04.2016]

qi-Induktionsladegeräte:

„qi" ist ein Technologiestandard, der ähnlich dem Bluetooth-Standard, dafür sorgt, dass die Technologie des „kabellosen" Aufladens herstellerübergreifend Einsatz finden kann. Damit „qi" (sprich: tschi) genutzt werden kann, muss Ihr Smartphone diese Technologie unterstützen und bestimmte zwingend notwendige Komponenten vorweisen können. Gegenwärtig sind Smartphones mit „qi"-Technologie klar in der Unterzahl gegenüber jenen Geräten, die diese Technologie nicht unterstützen.

Wer einen Bürojob hat und beruflich viel telefonieren muss, der weiß, wie lästig es sein kann, wenn das Handy an der Steckdose hängt und der Arbeitsplatz gewechselt werden muss. Bei der Rückkehr an den Schreibtisch muss das Smartphone dann wieder umständlich angesteckt werden, Tag ein und Tag aus! Ein tatsächlich äußerst lästiges „Spiel", das nicht nur ans Nervenkostüm des Smartphone-Besitzers gehen kann, sondern auch die Lebensdauer der Anschlussstelle des Ladekabels durch außerordentlich hohe mechanische Belastung negativ verkürzen kann.

Wie praktisch wäre es doch, wenn es ein Ladegerät gäbe, bei dem das Handy nicht angesteckt, sondern nur noch auf eine Aufladefläche aufgelegt werden müsste?

*Ihr Wunsch ist mein Befehl, weil jemand anderer diese
Arbeit bereits für mich erledigt hat!*

So ein Ladegerät nennt sich Induktionsladegerät und funktioniert nach einem ähnlichen Prinzip wie die Induktionskochplatten von denen Sie bestimmt schon einmal gehört haben? Alles was Sie als Smartphone-Besitzer eines Smartphones, das den „qi"-Standard unterstützt, tun müssen, ist selbiges auf ein spezielles „qi"-Induktionsladegerät (**auf keinen Fall auf ein Induktionskochfeld!!**) legen und geduldig abwarten bis Ihr Akku aufgeladen sein wird. Ein wenig mehr Geduld als bei einem normalen Ladevorgang müssen Sie aber schon mit sich bringen, da bei Induktion der Ladevorgang über Magnetismus (Induktion) realisiert wird.

Diese technische Gegebenheit zieht in der Praxis Konsequenzen nach sich, die nachfolgend erläutert werden.

Zunächst ist der Wirkungsgrad etwas schlechter als bei einer Aufladung über das „gewöhnliche" Ladekabel. Der schlechtere Wirkungsgrad ist eine Folge des magnetischen Wechselspiels und des dadurch entstehenden Wärmeverlusts. Halten Sie daher **leicht entflammbare Substanzen auf Sicherheitsabstand** zu diesen Ladegeräten!

Daraus folgt, dass der Ladevorgang bis zum Erreichen einer einhundertprozentigen Aufladung etwas mehr Zeit als gewöhnlich in Anspruch nehmen wird. Wieviel länger Sie tatsächlich warten werden müssen, hängt von der Qualität des „qi"-Ladegeräts als auch von den technischen Gegebenheiten Ihres Smartphones ab. Nicht nur die Kapazität Ihres Smartphone-Akkus ist in diesem Punkt ausschlaggebend, sondern auch die Größe der Auflagefläche mit dem Ihr Smartphone „in Kontakt" mit dem Induktionsladegerät treten kann.

Selfie-Sticks – des Sensenmannes diabolisches Werkzeug:

Können Sie sich noch an DEN Trend erinnern, der aus sozialen Netzwerken praktisch nicht mehr wegzudenken ist?

Bei den Selfies, den sogenannten Selbstportraits, geht es nicht nur um das in Szene setzen seiner gottgegebenen Schönheit, sondern auch um die „Ernte" einer fragwürdigen trendigen Saat. Während Bauern noch mühevoll mit hochmodernen Traktoren ihre Ernte einfahren müssen, genügt bei der Ernte der ausgelegten Bildersaat jener digital festgehaltener Gottesabbilder in den sozialen Netzwerken ein schlichter Blick auf das „Like"-Barometer (sprich: leik; zu Deutsch: Zustimmung, im Gegensatz zu „Dislike", das einer Ablehnung gleichkommt).

Ein „Like" von Freunden ist in etwa mit dem Gefühl eines Klapps auf den Hintern unter Sportlern zu vergleichen – in der eigenen Gefühlswelt bedeutet es schlicht „gut gemacht". Dagegen reicht ein „Like" von fremden Bildbetrachtern schon eher an das Gefühl einer erfolgreichen Mondlandung heran.

Bestätigung und Anerkennung von Menschen, die bis zum wahrlich weltverändernden historischen Moment des Klicks auf den „Like-Knopf" einem selbst unbekannt waren, kann sich schnell zu einer moderaten Form von Sucht entwickeln. Die dabei unter ungünstigen Umständen entstehende

Eifersucht, der heimliche Neid und im Extremfall schließlich, der versteckte blanke Hass, werden selbstgefällig ignoriert.

Es ist nun mal so, dass nicht der „nur reinzufällig" gleichzeitig stattfindende Zerfall freundschaftlicher Beziehungen im Mittelpunkt sozialer Netzwerke steht. Vielmehr orientiert sich die im Zeitgeist gewandelte Leitlinie sozialer Ethik einzig und allein an den Bedingungen, die erfüllt werden müssen, um innerhalb eines Netzwerks den ruhmreichen Aufstieg zur meist durchgeklickten Person bewältigen zu können.

Also ganz ehrlich, ich weiß nicht so recht, die Helden aus meinem Jahrgang waren noch diejenigen Gemeindemitglieder, die sich in unserer Gemeinde für soziale Gerechtigkeit stark gemacht hatten. Inzwischen frage ich mich jedoch, ob diese nicht auch schon auf Facebook, Google+ und Co. zu finden sind?

Nun denn, es dürfte jetzt klar wie Kloßbrühe sein, dass eine gute Bildqualität Ihrer Fotos in sozialen Netzwerken nie ausreichend gut genug sein wird. Vielmehr müssen Ihre Bilder perfekt sein, da Sie sonst weder mit der freundschaftlichen Konkurrenz mithalten können, geschweige denn so rein gar nicht in den olympischen Rang der Gottesabbilder-Hitliste aufsteigen werden. Beide Situationen sind äußerst zermürbend in Anbracht dessen, dass einer Ihrer besten Freund/-innen mehrfach anerkannte/-r Gesichtsolympionike/-in ist. Deshalb ist es unausweichlich und absolut lebensnotwendig, dass Sie **sofort (!)** in den nächsten Fachhandel eilen und sich eine Selfie-Stange kaufen, jenes „Zauberstäbchen", das in der Lage ist, aus jedem hässlichen Entlein...

*An dieser Stelle ist es mir ein Anliegen meine nachstehende
Meinung festzuhalten: Schönheit liegt immer noch im Auge
des Betrachters und nicht in der mit Bedacht gewählten
Länge Ihrer Selfie-Stange!*

Was ist also eine Selfie-Stange?

Eine Selfie-Stange ist einfach nur eine in der Länge variierbare (Teleskop)-stange für Ihr Smartphone. Ihr Mobiltelefon wollen Sie unbedingt an einer derartigen Halterung festklemmen, damit Sie in jeder überwältigenden Situation Herr der Lage sind. Dadurch wird Ihnen die Produktion hervorragender Fotos und Videos, in denen Sie potz Blitz aber auch ausnahmslos perfekt im Bild sind, erheblich erleichtert.

Ein „es war einfach nur *geil*" können Sie Dank der Selfie-Stangeninnovation laut in die Welt posaunen. Mit Ihnen im Mittelpunkt eines Fotos oder Videos können Sie jeden Skeptiker spielend von Ihren WOW-Eindrücken überzeugen!

Beim Kauf einer Selfie-Stange müssen Sie, genau wie beim Erwerb einer KFZ-Halterung, darauf achten, dass Ihr Smartphone innerhalb des Klemmbereichs ausreichend Platz findet, um anschließend **sicher** genug fixiert zu werden. Insbesondere bei übergroßen Mobiltelefonen aus der Kategorie 6" (sprich: 6 Zoll) und größer, gibt es deutlich weniger Auswahl als bei Smartphones mit kleineren Bildschirmen.

Außerdem sind manche Zubehör-Hersteller dazu übergangen Selfie-Stangen nur für bestimmte Smartphone-Modelle zu vertreiben, da diese in Ihrer Kombination nicht nur unter dem Gesichtspunkt der Befestigungsqualität optimiert sind, sondern im Set auch eine auf Ihr Mobiltelefon speziell zugeschnittene Fernbedienung beinhalten. Manche Smartphones bieten außerdem modellabhängige (Sonder-)funktionen, die im Gegensatz zu Universal-Selfie-Stangen-Sets, von jenen auf das jeweilige Modell zugeschnittenen Angeboten benutzerfreundlich unterstützt werden.

Der Selfie-Kult:

Da Dummheit bekanntlich keine Grenzen kennt, gibt es inzwischen nicht nur den Selfie-Kult, sondern sogar schon eine eigene Selfie-Kultur. Während zu Beginn des Selfie-Trends jedes Selbstportrait ein Selfie war, so hat sich mit der Zeit der Begriff „Selfie" zum Überbegriff einer ganzen Armada von systematisch kategorisiertem Society-Krimskrams gewandelt. Dazu zählen die Begriffe Belfie, Bifie, Drelfie, Footsie, Helfie, Nudie, Relfie, Shelfie, Suglie, Ussie und Welfie. Die nachfolgenden Erörterungen sind die deutschsprachigen Gegenstücke der soeben aufgezählten Begriffe. Versuchen Sie die passenden Paare zu erraten oder besuchen Sie die Website *wikipedia.de* und lesen Sie den dem Suchbegriff „Selfie" entsprechenden Artikel.

Da gibt es also das Selfie im betrunkenen Zustand, jenes im Bikini oder einfach nur jenes, das Ihren Hintern zeigt. Das Selfie Ihrer Frisur, Ihrer Füße oder das Beziehungs-Selfie. Es gibt das Sportler-Selfie, das Gemeinschafts-Selfie und das Selfie besonderer „Hässlichkeit". Zu guter Letzt wollen wir noch das Selfie ohne Bekleidung nicht vergessen und das Selfie in den eigenen vier Wänden, vor Bücherregalen und Co., erwähnt wissen.

Nachteile des Selfie- und des Selfie-Stangen-Kults:

Unglücklicherweise kennen wir Menschen oft unsere Grenzen nicht. Deshalb sind in letzter Zeit vermehrt Berichte zu vernehmen, die den letzten Moment eines Menschenlebens beim Selfie schießen dokumentieren. Die tragische Reichweite des Selfie-Trends veranlasste mittlerweile sogar das russische Innenministerium dazu Verhaltensregeln für den richtigen Umgang mit dieser offensichtlich gefährlichen Modeerscheinung zu veröffentlichen.

So manches Mal staune ich sehr darüber wie es uns Menschen immer wieder mit scheinbar zielsicherem und deswegen beängstigendem Erfolg gelingt, zunächst harmlose Errungenschaften auf spielerische Art und Weise zu Massenvernichtungswaffen heranreifen zu lassen.

Einen deutschsprachigen Artikel der russischen Richtlinien können Sie unter dem Webportal (entspricht dem Ausdruck „Homepage") der österreichischen Zeitung „Der Standard" (Titel des Artikels: Tödliche Selfies: Russische Regierung gibt Warnung heraus; von Markus Böhm, 8. Juli 2015, 12:54) nachlesen.

Da gibt es also reihenweise Teenager, die es besonders cool fanden, ein Selfie vor einem heranbrausenden Zug zu schießen. Oder Liebespaare, die unbedingt vom Klippenrand ihr Glück mit der Welt teilen mussten.

Selbst das Posieren mit geladener Waffe und schussbereitem Smartphone sorgt hin und wieder bei so manch einem Genie für IQ-typische Verwechslungen – ein Leben lang waren doch immer die Ausländer an allem schuld! Nur dies eine Mal ist´s wohl der radikallinke oder gar der radikalrechte Zeigefinger gewesen!?!

Selfies, die während der Autofahrt gemacht wurden, sind ebenfalls sehr beliebt – sowohl in der schätzbaren Dunkelziffer der Auto-Selfies als auch in der Zahl der *erfolgreich* verursachten tödlichen Unfälle.

Das Selfie in der Badewanne ist ebenfalls so eine Sache für sich. Die Leistung eines Tablets, das nicht gerade gravierende Unterschiede zu einem Smartphone aufweist, war jedenfalls „bewiesenermaßen" ausreichend stark, um das arme Opfer im letzten Atemzug vielleicht noch an das Lied mit dem knallroten Gummiboot denken zu lassen.

KFZ-Halterung:

Die meisten Leser/-innen dürften zweifelsohne wissen was eine KFZ-Halterung ist und wofür diese im Zusammenhang mit Mobiltelefonen eingesetzt wird. Dennoch will ich der Vollständigkeit halber ein paar kurze, sehr kurze Worte zu diesem Thema verlieren.

Die Hauptaufgabe einer KFZ-Halterung liegt darin Ihr Smartphone vorübergehend an einem Fixpunkt Ihres Autos zu befestigen. Idealerweise wird das Smartphone mit diesem praktischen Zubehör derart mit Ihrem PKW verbunden, dass Sie während der Fahrt beim (hoffentlich absolut seltenen!) Blick auf das Smartphone Ihre Augen nicht von der Fahrbahn und dem Verkehrsgeschehen abwenden müssen. Vielleicht nehmen Sie sich einmal die wahrlich sinnvoll investierte Zeit und werfen einen Blick in die Einstellungsmöglichkeiten Ihres Smartphones. In der Regel finden Sie dort einen Menüpunkt, der ident mit dem Ausdruck „Fahrzeugmodus" ist oder zumindest Ähnlichkeiten mit diesem Begriff aufweist. Unter diesem Menüpunkt können Sie nun festlegen, wie Ihr Smartphone beim Erkennen Ihrer Bluetooth-Freisprecheinrichtung Ihres PKWs reagieren soll.

Zum Beispiel kann das Smartphone im Fahrzeugmodus für den Zeitraum der Autofahrt das Menü umstellen, sodass nur noch die allernötigsten Menüpunkte angezeigt werden und

SMS beim Eintreffen entweder automatisch vorgelesen oder erst gar nicht bemerkbar angezeigt werden. Dies bedeutet aber nicht, dass diese SMS verloren sind! Spätestens nach dem Verlassen Ihres PKWs und dem damit verbundenen Verlust der Bluetooth-Verbindung zu Ihrem Kraftfahrzeug, wird Ihr Smartphone zurück in den *normalen* Bereitschaftsdienst wechseln und Ihnen somit Ihre noch ungelesenen SMS anzeigen.

Bei der Montage einer KFZ-Halterung können Sie oftmals zwischen mehreren Varianten wählen. Für gebrauchte, alte PKWs können Sie sich durchaus für die Klebstoffvariante entscheiden, bei der Sie die Halterung an Ihrem Armaturenbrett festkleben werden. Achten Sie auf eine saubere, trockene und nach Möglichkeit glatte Klebefläche und folgen Sie den Montageanweisungen Ihrer KFZ-Halterung.

Für neuere PKWs oder gar Neuwagen gibt es zwei weitere, vor allem klebstofffreie Möglichkeiten die Halterung am Fahrzeug zu fixieren. Eine der beiden Varianten arbeitet mit einem Saugnapf, der sich an der Windschutzscheibe festsaugen soll. Meist funktioniert dies einwandfrei, dennoch darf ich Ihnen raten die Halterung hin und wieder von der Scheibe zu nehmen und alle Kontaktflächen zu reinigen, wodurch Sie einer nachlassenden Saugwirkung prophylaktisch vorbeugen. Wir wollen doch nicht, dass sich während der Fahrt Ihr 1000,- Euro Mobiltelefon zusammen mit der Halterung von der Windschutzscheibe löst und in den Schaltbereich stürzt und Sie vor lauter Schreck und Sorge um Ihr liebstes Familienmitglied vergessen werden auf den Verkehrsfluss und auf das Wohl der restlichen Fahrzeuginsassen zu achten?

Die letzte, der drei Varianten, die ich Ihnen vorstellen möchte, beruht auf einem simplen Einhängen der Halterung im Lüftungsschlitz Ihres KFZ-Belüftungssystems. Im Vergleich mit den beiden anderen Möglichkeiten eine durchaus überlegenswerte Option. Kein Kleben, kein Schrauben und kein Fluchen sind zur Montage nötig. Dafür ist bei dieser Methode unter Umständen Ihr Smartphone nicht zusammen mit der Fahrbahn, also im eigentlich optimalen Blickfeld, einsehbar.

Völlig unabhängig von der Art und Weise Ihrer Montage können Sie bei längeren Ausfahrten Ihr Smartphone zum Aufladen mit einem speziellen KFZ-Ladekabel verbinden, welches zur Stromversorgung in den Zigarettenanzünder Ihres Fahrzeugs gesteckt wird. Manchen Kraftfahrzeugführern, die beruflich beispielsweise als Vertreter viel unterwegs sind, ist das ständige Ein- und

Abstecken des Ladekabels ein mühseliger Dorn im Auge. Es ist nicht nur zeitraubend und lästig, sondern eben auch ein unnötiges Geduldsspiel, welches das Nervenkostüm vor und nach dem Berufsverkehr zusätzlich strapazieren kann. Deshalb gibt es auch für PKWs eine „qi"-Ladestation. Praktischerweise ist diese in die KFZ-Halterung integriert und dauerhaft mit Ihrem Zigarettenanzünder verbunden. Dadurch müssen Sie nur noch Ihr Smartphone in die „qi"-KFZ-Halterung stecken und drauflosfahren. Während der Fahrt wird Ihr Mobiltelefon Ihnen nicht nur ein unterwürfiger digitaler Buttler sein können, sondern gleichzeitig auch aufgeladen werden. Irgendwie saupraktisch, wenn die „qi"-KFZ-Ladehalterungen nur nicht so teuer wären!

Schutz:

Obwohl es sich bei Ihrem Smartphone um einen Alltagsgegenstand und in weiterer Folge um einen Gebrauchsgegenstand handelt, der beschädigt werden darf und auch garantiert werden wird, tendieren viele Besitzer dazu sich einen Extraschutz für Ihr Smartphone zu gönnen.

Im Falle eines Haushaltes mit Kleinkindern oder Haustieren wie insbesondere Katzen, aber auch Hunden, ist die Verwendung eines Schutzes eine berechtigte Überlegung. Ab ca. 150,- Euro Kaufpreis für Ihren digitalen Buttler rechnet sich solch ein Schutz auch durchaus. Bei ständig verliebten Damen und Herren könnte sich ein Smartphone-Schutz bereits früher rechnen, da verliebte Menschen bekanntlich nicht nur Ihr Mobiltelefon im Bereich der Hosentasche aufbewahren…

Flip-Cover, Silicon-Case und Hard-Case:

Die thematische Überleitung von verliebten Menschen zu Schutz fürs Smartphone gestaltet sich sprachlich daher auch sehr einfach. Die einfachste Form des Schutzes für Ihr Smartphone ist ein Silicon- oder auch Hard-Case (sprich: käihs; zu Deutsch: Gehäuse).

Das Silicon-Case ist eine Art weicher Gummi, der alle Seiten Ihres Smartphones mit Ausnahme des Bildschirms schützt. Solange also Ihr Smartphone beim Sturz nicht auf die Schokoladenseite, also auf den Bildschirm, fallen wird, ist es daher ausreichend gegen Kratzer geschützt. Das Silicon ist praktischerweise weich, was den Aufprall abdämpfen wird, dabei leider aber auch eher dick, besonders im Vergleich zum Hard-Case. Manch Konsument stört sich an dieser Tatsache und greift daher lieber zu den vergleichsweisen (hauch-)dünnen Hard-Cases. Diese bieten *denselben* Schutzumfang wie ein Silicon-Case, sind aber bedeutend dünner und unter Umständen auch spürbar leichter. Allerdings ist der dünne und harte Kunststoff selbst nicht so bruchsicher, wodurch der Schutz nach unglücklichen Stürzen sehr wahrscheinlich ausgetauscht werden muss.

In diesem Punkt sind Flip-Cover klar im Vorteil, wobei diese ebenfalls dazu neigen nach einiger Zeit den treuen Dienst zu quittieren. Die Aufgabe des Schutzes besteht nun mal darin bei einem Sturz selbst die Schläge einzustecken und Ihr Smartphone vor größerem Schaden zu bewahren.

Diesem Motto sind die meisten Zubehörhersteller wie Lemminge brav gefolgt. Wundern Sie sich also nicht, wenn nach zwei bis drei oder generell nach nur einigen wenigen Stürzen der Schutz bereits nach einer Mülltonne verlangt.

Flip-Covers sind grundsätzlich eher dick und bieten je nach Hersteller ausreichend guten Schutz. Eine allgemeine Aussage welcher Hersteller hier zu empfehlen und von welchem abzuraten ist, ist leider nicht möglich, da sich die Qualität oft auch mit der Preisklasse der jeweiligen Smartphone-Modelle ändert. Prinzipiell gilt aber, dass Sie sich zwischen Flip-Cover mit oder ohne Magnetverschluss entscheiden müssen. Außerdem müssen Sie eine Entscheidung bezüglich der Art des Flip-Covers treffen.

War bei Silicon- und Hard-Cases ein Rundumschutz mit Ausnahme des empfindlichen Smartphone-Bildschirms gegeben, so bietet ein Flip-Cover nun auch Schutz für den schadensanfälligen Touchscreen. Diese Tatsache ist vor allem in Kombination mit einem Magnetverschluss sehr praktisch, da dadurch bei einem Sturz die Wahrscheinlichkeit verringert wird, dass der Touchscreen mit dem Boden in zerstörerischen Kontakt treten wird. Allerdings haben auch die Flip-Covers einen ähnlich schwerwiegenden Nachteil, genau wie die seit Jahren weit verbreiteten Handysocken. Im Falle der Flip-Covers muss vor jeder Interaktion und sei es nur zur Gesprächsannahme eines eingehenden Telefonats dieser lästige Schutzdeckel zur Seite oder bei manch Modellen von oben nach unten geöffnet werden. Bei der Variante von oben nach unten können Sie den „Pappdeckel", der den Bildschirm während des Transports schützt, einfach herabhängen lassen. Während Sie bei der seitlich öffnenden Variante zunächst den „Pappdeckel" nach hinten klappen müssen, bevor Sie ein Telefonat bequem führen können. Außerdem ist diese einem Organizer abgekupferte Variante insbesondere beim Fotografieren das eine oder andere Mal unangenehm störend in der Handhabung.

Ob sie einen edel daherkommenden Schutz (Organizer-Design der seitlich öffnenden Varianten) für Ihr Smartphone heranziehen wollen oder doch lieber einen eher an der Praxis orientierten Schutz (Flip-Cover von oben nach unten) verwenden wollen, bleibt schlussendlich von Ihren Anforderungen an die Schutzhülle abhängig.

Für alle erwähnten Schutzmöglichkeiten gilt allerdings eine wichtige Einschränkung. Beim Kauf dieses Zubehörs können Sie mit Ausnahme der Handysocken, bei denen Sie nur auf die Höhe und Breite achten müssen, nur jene Covers heranziehen auf denen der exakte Modellname Ihres Smartphones aufgedruckt ist. Jedes Smartphone hat in der Regel leicht unterschiedliche Maße und selbst gesetzt dem seltenen Fall, dass zwei verschiedene Modelle dieselben Abmessungen haben sollten, dann sind unter Garantie die wenigen Knöpfe, die Kameraöffnung oder der Kamerablitz an unterschiedlichen Stellen anzutreffen. Deshalb ist es in 98% der Fälle nicht möglich ein Cover eines anderen

Modells für das neu erworbene Modell heranzuziehen. Irgendein Knopf ist mit Sicherheit nicht mehr bedienbar oder Sie werden zumindest für einen kurzen Moment darüber grübeln, warum alle Ihre Smartphone-Fotos zur Hälfte schwarz sind.

Displayschutzfolie:

Da bekanntlich nicht nur Meinungen auseinandergehen, sondern auch Geschmäcker eine Frage der Individualität sind, gibt es für all jene „vorsichtigen Draufgänger", die sich für ein Silicon- oder auch Hard-Case entschieden haben, die Möglichkeit den Bildschirm mit einer klebenden Schutzfolie zusätzlich zu schützen. Auch im Displayschutzfoliensortiment hat sich Vielfalt ausgebreitet, sodass Sie als Konsument zwischen Folien wählen können, die die lästigen sichtbaren Fingerabdrücke auf dem Touchscreen verringern werden oder auch Folien, die es dem/die Partner/-in sehr schwer machen werden einen seitlichen Einblick auf Ihr Smartphone-Display erhaschen zu können. Außerdem gibt es „*Folien*", die den bezeichnenden Namen Panzerglas tragen. Sehr wahrscheinlich bieten diese den umfangreichsten, aber auch kostspieligsten Zusatzschutz. Vergessen Sie dabei aber bitte nicht auf die PR-Industrie und unser früher im Ratgeber aufgezeigtes

Beispiel des Mondscheinzaubers. Alles was wir Normalsterblichen uns bescheiden gewünscht hätten, wären doch nur ein paar weitere Minuten wärmender und Trost spendender Sonnenschein gewesen!

Versicherung:

Für ganz gewagte Helden gibt es außerdem noch eine Smartphone-Versicherung, die meist nur von größeren Elektrohandelsketten offeriert wird.

Auch hier gilt das gleiche Prinzip wie bei den Handytaschen. Sind Kinder oder aufmerksamkeitssuchende Tiere im Haushalt anzutreffen, dann könnte sich eine Versicherung durchaus rechnen. Dies gilt auch für den Fall, dass Sie einen Beruf ausüben bei dem Ihr Smartphone mit großer Wahrscheinlichkeit Schaden nehmen wird – zum Beispiel im Hoch- und Tiefbaugewerbe. Jedoch rechnet sich eine Handyversicherung fast immer erst ab einem Gerätewert über 300,- Euro, da beispielsweise der Austausch des Bildschirms in der Regel mit 100,- bis 200,- Euro zu Buche schlägt. Aus diesem Grund glaube ich, dass eine Versicherung bei Smartphones unter 300,- Euro sehr wohl in Frage gestellt werden darf. Schließlich bekommen Sie im Versicherungsfall meist nur eine Reparatur abzüglich eines Selbstbehaltes erstattet. Insbesondere bei älteren

Smartphones ist daher, obwohl frech und wenig umweltschonend, die Frage nach der Rentabilität einer Reparatur durchaus berechtigt!

Accessoires:

Smartwatch:

Gegenwärtig ist im Zubehör-Segment die sogenannte Smartwatch eines der beliebteren als auch das luxuriöseste Accessoire. Der Begriff Smartwatch setzt sich genau wie das Wort Smartphone aus zwei Wortteilen zusammen. „Smart" steht auch bei den Smartwatches für Cleverness. Auch hier gilt jenes kleine, aber wichtige Detail, welches wir schön früher bei der Erläuterung des Begriffes Smartphone, festgestellt hatten. Smartwatches sind, genau wie Smartphones, nur seelenlose Maschinen, die keine Spur selbstständiger Intelligenz aufweisen. Im Gegenteil, ohne unsere konkreten Anweisungen fristen alle diese Geräte nur ein nutzloses und sinnfreies Dasein. „Watch" (sprich: woatsch) ist, wie so oft in der technischen Ausdrucksweise, ebenfalls aus dem Englischen entlehnt, und wird schlicht mit Armbanduhr übersetzt.

Eine Smartwatch ist somit per Definition eine Art „intelligente Armbanduhr". Sie ist nicht nur in der Lage die exakte Uhrzeit anzuzeigen, sondern kann darüber hinaus ein nützlicher Diener an Ihrem Handgelenk sein. Smartwatches gibt es gegenwärtig in zwei grundlegend unterschiedlichen Ausführungen.

Die eine Variante unterstützt den Betrieb der Uhr mit einer eigenen SIM-Karte, wodurch die „intelligente Armbanduhr" vollkommen autark (unabhängig) als eine Mischung aus Uhr und Smartphone ihren nutzbringenden Dienst verrichtet. In der anderen Version entspricht die Smartwatch vielmehr einem Luxusaccessoire ohne eigenen SIM-Kartenbetrieb. Zwar beschränkt sich der Dienst der Smartwatch ohne Verbindung zu einem Smartphone auf das Anzeigen der Uhrzeit und die Verwendung bereits zuvor eingespeicherter Applikationen, jedoch wird die Uhr schnell zum Smartwatch-Konkurrenten mit SIM-Karteneinschub, sobald eine Bluetooth-Verbindung zu einem Smartphone erfolgreich hergestellt wurde. Besteht ein Bluetooth-Kontakt zwischen Smartwatch ohne SIM-Karte und Smartphone, dann können Sie auch alle anderen nützlichen Features (sprich: fiedschrs) uneingeschränkt nützen. Ein Feature ist der neudeutsche Ausdruck für eine erweiterte Zusatzfunktion. Waren Apps noch schlicht Erweiterungen, die den Funktionsumfang eines Smartphones mit Hilfe von Programmen erweiterten, so handelt es sich bei den Features, um den allgemeinen Überbegriff für alle diese nützlichen Funktionen, die sowohl programmiert als auch tatsächlich eingebaut sein können.

Hebt sich ein elektronisches Gerät mit einer besonders nützlichen oder einer herausragenden innovativen Funktion von der Konkurrenz ab, so ist oftmals von einem „Killerfeature" die Rede. Die Bezeichnung Killerfeature hat sich vermutlich deshalb durchgesetzt, weil das Fehlen eines besonders nützlichen Features bei den Mitbewerbern Kopfzerbrechen und schlaflose Nächte nach sich zieht. Die auf der Strecke zurückgebliebene Konkurrenz rückt dadurch im harten Kampf, um die Gunst der Käufer einen vielleicht *tödlichen* Schritt näher an den finanziellen Abgrund!

Wie funktioniert eine Smartwatch ohne SIM-Karte?

Wie bereits erwähnt ist in der Regel für die Zeitanzeige keine Verbindung zu Ihrem Smartphone nötig. Will man jedoch den Funktionsumfang von einer bloßen Uhr auf eine *schlaue Armbanduhr* erweitern, dann ist eine kabellose, genauer gesagt, eine Bluetooth-Verbindung zwingend notwendig. Da Uhr und Smartphone meist dauerhaft verbunden sein werden, wird durch die Kopplung beider Geräte deren Akku schneller entladen. Im Gegenzug ist durch die kabellose Verbindung ein Informationsaustausch zwischen beiden Geräten möglich, sodass Sie zum Beispiel SMS direkt an der Uhr ablesen können. Sie müssen also nicht mit jeder neuen Nachricht Ihr Smartphone extra aus der Hosen- oder Handtasche nehmen, um zu erfahren, was für Neuigkeiten soeben in Ihrem Smartphone-Benachrichtigungscenter eingetroffen sind.

Zusätzlich können Sie bei manch einer Uhr auf dessen winzigem Display den Wetterbericht anzeigen lassen oder auch Suchanfragen ans Internet vermitteln lassen. Manche Smartwatches unterstützen auch die Suche in einem Wörterbuch oder auch die Richtungsanzeige zu einem durch Sie zuvor festgelegten Ziel. Deshalb gibt es auch für Smartwatches einen eigenen App-Store, der meist abgespeckte Varianten einiger Smartphone-Apps anbietet. Manche Smartwatch-Exemplare haben sogar sinnvolle Sensoren wie Schrittzähler und Pulsmesser integriert, wodurch sich diese Uhren im Handumdrehen auch zum nützlichen Sportlerwerkzeug verwandeln. Jogger, beispielsweise, können dadurch detaillierte Informationen über deren Laufleistung sammeln und zu Hause am Smartphone oder sogar am Computer verarbeiten.

Wie in einem Bericht des Online-Magazins Chip.de nachzulesen ist, werden neuerdings manche Fitness-Accessoires von der deutschen AOK bezuschusst.

In dem Artikel mit dem Titel „AOK-Zuschuss für Apple Watch: Krankenkasse beteiligt sich an Smartwatch-Kosten", vom 12.08.2015(19:45Uhr) heißt es, dass in Deutschland insbesondere die AOK Nordost bis zu 50,- Euro vom

Kaufpreis eines Fitness-Trackers oder einer Smartwatch mit Fitness-Tracker-Funktionen übernimmt. Voraussetzung für den Zuschuss durch die Krankenkasse, so die AOK Nordost, ist, dass das jeweilige Gerät in der Lage ist „Herzfrequenz, Streckenlänge, Höhenmeter, Geschwindigkeit, Kalorienverbrauch usw." aufzuzeichnen.

Die Auswahl an Smartwatches ist mit der Zeit auf eine stattliche Vielfalt herangewachsen, sodass jeder Konsument, der zwischen 150,- bis 500,- Euro für „ein Accessoire" ausgeben will, fündig werden kann. Unter den Smartwatch-Herstellern sind nebenbei erwähnt ebenfalls zahlreiche namhafte Konzerne vertreten. Das Who is Who der Elektronikweltspitze wie Apple, Motorola, Sony, Asus, LG, Samsung, Alcatel und viele mehr ließen auch diese Gelegenheit zur Gewinnmaximierung nicht aus!

Fitness-Tracker (sprich: träcker) alias Fitness-Band'l:

Den Ausdruck „Tracker" sollten Sie sich einprägen. Auf Deutsch bedeutet er wörtlich übersetzt „Fährtensucher", wobei in jenen Zusammenhängen, in denen er Ihnen am Smartphone begegnen wird, die Übersetzung mit „Verfolger", die wahrscheinlich bessere Wahl sein wird. Bekannte Apps, die den Ausdruck „Tracker" im Titel tragen, sind der „Package Tracker", welcher ein

Paketverfolgungsdienst ist. Der „Sports-Tracker", der Ihre sportlichen Aktivitäten nachverfolgt und der „Space-Station-Tracker" als auch der „Flight-Tracker". Der eine, der letzten beiden, verfolgt die Flugbahn der Internationalen Raumstation (International Space Station) und zeigt Ihnen diese an Ihrem Smartphone-Bildschirm an, der andere Tracker hilft Ihnen bei der Nachverfolgung eines bestimmten Flugs, zum Beispiel der Flug einer geliebten Person, die Sie vom Flughafen abholen sollen.

Inzwischen können Sie auch mit Sicherheit erraten was ein Fitness-Band´1 alias Fitness-Tracker nachverfolgt? Es sind natürlich Ihre biometrischen Daten, wozu Puls, Bewegungsprofil, Kalorienverbrauch, Zeiterfassung als auch Schlafanalyse zählen können. Je nach Hersteller und Preiskategorie werden nicht immer alle Funktionen vom Fitnessarmband unterstützt. Zur Auswertung der gesammelten Daten können Sie Ihr Smartphone oder je nach Fitness-Trackermodell auch Ihren Computer heranziehen.

Manche Smartphone-Hersteller sind sogar dazu übergangen all jene aufgezählten Funktionen in spezielle Smartphone-Modelle, die ein besonderes Augenmerk auf den Kundenkreis der Sportler/-innen legen sollen, zu stecken.

Aus der Zeit der ersten Mobiltelefone mit Farbdisplay kennen Sie wahrscheinlich noch den Begriff des „Outdoor"-

Handys (sprich: autdohr; zu Deutsch wörtlich „Freiland",
gemeint sind natürlich Handys für Aktivitäten im
Außenbereich). Diese Outdoor-Handys, die traditionell
gegen etwas härtere Erschütterungen als auch gegen
Spritzwasser wie auch gegen Feinstaub geschützt waren,
wurden inzwischen mit den Fitness-Tracker-Funktionen
ausgestattet. Dadurch stellt Sie die Industrie vor die Qual der
Wahl. Wollen Sie sich ein „gewöhnliches" Smartphone und
ein Fitness-Band´l als „hippes" Extra zulegen oder
stattdessen sich eine „all-in-one" Lösung in Form eines
speziell für Außenaktivitäten ausgelegten Outdoor-
Smartphones zulegen?

So oder so, Sie brauchen jetzt ganz dringend ein neues
Smartphone! Es ist lebenswichtig – es stellt sich hierbei nur
die berechtigte Frage: für Sie oder für die Hersteller?

[in der Hoffnung auf ein zufriedenes Lächeln –

bleiben Sie neugierig, kritisch und vor allem

charmant, J.T.Basel]